تورکک یوردی

TÜRKÜN JORDU
DER TÜRKEN HEIMATLAND

EINE GEOGRAPHISCH-POLITISCHE LANDESSCHILDERUNG

VON

KARL KLINGHARDT

MIT 1 KARTE

HAMBURG
L. FRIEDERICHSEN & CO.
1925

Einbandzeichnung von Max Kahlke in Glückstadt.
Druck und Einband von J. J. Augustin in Glückstadt und Hamburg.

V O R W O R T

Sowohl der stattliche Umfang der deutschen Türkeiliteratur als auch die blitzschnelle Stimmungswelle, die jeder in einer deutschen Großstadtstraße etwa auftauchende Fes oder Kalpak hervorzurufen weiß, sind Zeugnis für das natürliche Interesse, das man im deutschen Volke für das westlichste der Asienländer hegt.

Auf zwei Pfaden hauptsächlich hat sich die deutsche Annäherung an das Land der Türken — und zum Teil auch die Annäherung anderer Völker — vollzogen. Auf dem der wissenschaftlichen Arbeit, seitens jenes kleinen ernsten Kreises, der mit dem Spaten des Archäologen und der Bussole des Geographen um die Geheimnisse der klassischen Asia Minor warb, und auf dem der romantischen Schwärmerei seitens jener breiten Schar moderner Orientpilger, denen schon die Worte „Türkei" und „Türken", so oft sie erklingen, unausrottbare lockende Vorstellungen von geschwungenen Säbeln, schnaubenden Rossen, reihergekrönten Turbanen und ungeahnt schönen, geheimnisvoll verschleierten Frauen aufsteigen lassen.

Wenn man von der Betrachtungsweise der unter dem romantischen Banner reisenden Touristenschar die Gewinnung richtiger Türkeianschauungen kaum erwarten darf, so zeigt ein heutiger Überblick über die wissenschaftliche Kleinasienforschung, daß auch diese Vertiefungsweise — unbeschadet ihrer hohen sachlichen Leistungen — der ihr auf dem Fuße folgenden deutschen Wirtschaftsbetätigung vielfach irrige, nicht gangbare Wege gewiesen hat.

VORWORT

Wenn man, wie es die gegenwärtige Zeit nahelegt, die Plattform des europäischen unbedingten Überlegenheitsbewußtseins verläßt, so erkennt man ohne weiteres, daß unsere Beschäftigung mit den Dingen Asiens und mit den Dingen der Türkei meist nur eine einseitige gewesen ist. Haben doch die Bewohner des ehemaligen osmanischen Weltreiches, das zum Begriff des „Kranken Mannes" herabgesunken war, in den Arbeitsplänen und der Betätigung der wissenschaftlichen Landeserforscher nur eine nebensächliche Rolle gespielt; nur insoweit etwa, als sie zu den Grab- und Aufdeckarbeiten europäischer Altertumsforscher in eine — stets untergeordnete — Beziehung traten. Das nahezu völlige Fehlen wahrnehmbaren historischen Interesses am eigenen Lande auch auf seiten der gebildeten Türken schuf insbesondere hier eine trennende Kluft. Die Wirtschaftler vollends, die auf der Geographen, Geologen und Botaniker Untersuchungen weitzielende Pläne westlichen Zuschnittes entwarfen, haben einem etwa vorhandenen Eigenstreben der Landesbevölkerung und ihrer Regierenden kaum Beachtung geschenkt. Auch ihnen galt das einheimische Element nur, sofern es sich innerhalb ihrer Pläne verwenden ließ, oder soweit es in der Staatsgewalt verkörpert sich eine gewisse Berücksichtigung erzwang. Ein solches Bestreben türkischerseits ist dann jedoch niemals als Ausdruck berechtigter nationaler Ziele, sondern nur als Widerstand gegen den von Europa herandringenden „Fcrtschritt" gewertet worden.

Wer heute in wissenschaftlichen Türkeibüchern blättert, die vor fünfzehn, dreißig und vierzig Jahren mit ernster Kenntnis und warmem Herzen geschrieben sind, hat nahezu Anlaß erschrocken zu sein über den Abstand zwischen dem, was der Sinn und Schwung von

Forschern und Wissenspionieren damals an Entwicklungen voraussah und dem verschwindend Wenigen, was davon bisher verwirklicht wurde. Wenn wir andererseits uns von jener Stimmung begeisterter Archäologen ergreifen lassen, denen über Aufspüren und Anslichtheben überwältigender Denkmäler großer Vergangenheit Staub und Dürftigkeit der türkischen Gegenwart den sicheren Weg zum Untergang des armen Türkenvolkes zu bezeichnen schienen, dann haben wir nicht minder Grund aufs äußerste zu staunen beim Anblick des auf einmal erkenntlichen zielbewußten Strebens, das heute das Volk Mustafa Kemal Paschas ergriffen hat, und das dem waffentragenden wie dem diplomatischen Europa der Entente mit Erfolg die Spitze geboten hat.

Angesichts der zu Tage tretenden Ziele und der bereits gewonnenen Erfolge der heutigen Asien- und Afrikavölker, müssen wir uns der Erkenntnis beugen, daß unsere seitherige Betrachtungsweise dieser Rassen und Völker vom Gang der neuesten Geschichte jäh überholt worden ist. Wer heute ein Anatolien, ein Ägypten oder auch ein Marokko in seinem Lebendigsein würdigen will, der kann nicht umhin, außer dem Blickpunkt des Europäers zugleich auch den des gebildeten Einheimischen anzunehmen und, der einheimischen nationalen Bevölkerung dieser Länder und ihren Anschauungen in Politik und Wirtschaft Gleichberechtigung, ja einen besonderen Beachtungswert zuzuerkennen.

Die nachfolgenden Kapitel bestreben sich das anatolische Land und sein europäisches Vorland von Konstantinopel—Adrianopel in der Gedankenwelt des Lesers lebendig zu machen, so etwa wie es im Kopfe des heutigen gebildeten Türken, der zugleich Kenner seines

Landes[1]) ist, sich spiegeln mag. Mit umfassenderen Geschichtskenntnissen ist auch der gebildete Türke nur sehr selten ausgerüstet und vollends für das Volk sind dank des vierzigjährigen Unterrichtsverbotes, das Sultan Abdul Hamid bezüglich Geographie und Geschichte aussprach, diese beiden Wissenschaften völlig unbekanntes Land. Diejenigen Ereignisse jedoch, die die heutige Generation selbst erlebt hat mitsamt ihren Grundlagen, und die Dinge, die sie aus Vaters Munde als dessen Erfahrungen empfing, dies Wissen gestaltet Hand in Hand mit den neuen Zukunftszielen das innere Leben und die geistige Vorstellung des heutigen Türkentums.

Mit Staunen und Widerstreben haben die Unternehmerkreise aller westlichen Länder erkennen müssen, daß die „türkisierenden" Wirtschaftsvorschriften der Angora-Staatsleitung nicht zu durchbrechen sind. Ingenieure und Kaufleute in Konstantinopel, die es nie zu tun wähnten, lernen heute Türkisch in Wort und Schrift, arbeiten mit überwiegend türkischem Personal, geben ihren Firmen einen türkischen Namen und verrechnen den Unternehmergewinn mit Türkischen Teilhabern. In solcher Zeit ist es für Europa gegeben sowohl jenen Schleier romantischer Orientbetrachtungsweise von den Augen zu nehmen, der den Türken schon lange ein Lächeln abnötigt, als auch die Landeserkenntnis aufzubauen auf dem lebendigen Leben und Streben des heutigen Türkenvolkes.

---

[1]) Bis zum Weltkrieg haben auch die gebildeten türkischen Kreise in Konstantinopel und Smyrna meist nicht viel mehr als die hauptsächlichsten Küstenplätze gekannt. Das innere Anatolien wie das fernere überhaupt galt als ein gern gemiedenes hinterwäldlerisches Gebiet; der Weltkrieg und der Befreiungskrieg haben mit dieser Anschauung aufgeräumt.

VORWORT

Das Wandeln in den Pfaden Xenophons oder Alexanders des Großen oder auch das sich Zurückversetzen in jene Zeiten, da zahlreiche große Römerstädte in Kleinasien blühten, muß künftig den reinen akademischen Wissenschaftlern überlassen bleiben. Als Grundlage einer praktischen Landesvorstellung muß diese Einstellung verschwinden zu Gunsten einer Betrachtung vom Heute und Gestern aus.

Diese Überzeugung sollte eigentlich jeder Reisende gewinnen, der etwa die Fragen Kleinasiens nach wissenschaftlich-geographischen Werken studiert hat, und der dann an Ort und Stelle die Erfahrung macht, daß Berg-, Fluß- und Landschaftsnamen, die er sich einprägte, von Niemandem verstanden werden, sondern daß in Wirklichkeit ganz andere — türkische — Bezeichnungen an ihre Stelle zu treten haben. Künftig wird diesen türkischen Namen allein die praktische Bedeutung zukommen.

Der Verfasser hat für seine Einteilung des Landes in getrennt beschriebene Zonen daher grundsätzlich von den Bezeichnungen und Anschauungen abgesehen, die die Kenntnis des antiken Kleinasiens vermittelt. Er hat seine Gebiete- bezw. Kapiteleinteilung vielmehr so gestaltet wie etwa ein wissenschaftlich unbefangener Landeskenner in dem Anatolien von heute zur Unterstützung seines Überblickes eine Zerlegung nach Landschaften vornehmen würde. Die Gliederung, der in erster Linie mnemotechnische Bedeutung zukommt, ist daher so gewählt, daß in ihr sowohl geographische Gegebenheiten als wirtschaftliche Zusammenhänge, ferner politische und Bevölkerungsverhältnisse und teilweise auch reine Gesichtspunkte der einprägenden Übersicht zur Sprache kommen und sich gleichsam auf einer mittleren

Begrenzungslinie vereinen. Stellenweise treffen die gewählten Linienführungen, die natürlich nirgends scharfe Abgrenzungen bedeuten können, auch mit antiken Landschaftszonen oder mit wissenschaftlich-geographischen Begrenzungen zusammen. Das ist aber dann ein Zufall, auf dem keinerlei Nachdruck liegt. Wenn die getroffene Einteilung nur dazu dient, dem Leser eine Übersicht zu bieten, wie in Anatoliens wechselnder Landschaftsgestalt einige größere Zonen sozusagen natürlich sich ausdrücken, und an Hand welcher einfachen Gliederung man sich eine Gesamtvorstellung vom türkischen Lande befestigen kann, dann ist der Zweck dieser Einteilung erreicht.

Nur einer Begriffsbestimmung möchte der Verfasser etwas weiterreichende Bedeutung wünschen, es ist der für die heutige asiatische Türkei. In der vorliegenden Arbeit bedeutet das Wort „Anatolien" diesen Begriff. Seither pflegte man dieses Gebiet zu umschreiben mittels der drei landschaftlichen Bezeichnungen: Kleinasien, Armenien, Kurdistan. Der Name „Kleinasien" hat nun unterschiedliche Bedeutung in der wissenschaftlichen Erdbeschreibung.[1] „Kurdistan" ist sehr abweichend begrenzt worden wegen des Fluktuierens des nomadischen Kurdenvolkes sowohl, wie auf Grund der politischen Gedanken der abendländischen Kurdistan-Interessenten. „Armenien" hat aus ähnlichen Gründen heraus gleichfalls schwankende Grenzen, und heute wohnt in dem so bezeichneten Bereich kein armenisches Volk mehr. Im Südkaukasus um Eriwan herum ist dagegen ein neues politisches Armenien entstanden, das an die Sowjet-Republik angeschlossen ist, und mit dem sogenannten Hochland von Ar-

[1]) In manchen Werken bezieht er auch das syrische Gebiet mit ein.

menien nichts zu tun hat. Schließlich hat zu Beginn des zweiten christlichen Jahrtausends im Adanagebiet das christliche „Kleinarmenien" bestanden, wohin sich das autochthone Königtum des Hochlandes vor der islamischen Bedrohung für eine zeitlang geflüchtet hatte.

Aus dieser unübersichtlichen Fülle der Begriffe bietet wohl das, seither gleichfalls schwankende, Wort „Anatolien" einen Ausweg, wenn es angesetzt wird für das gesamte politische Gebiet der heutigen asiatischen Türkei, das sich gleichzeitig im großen und ganzen auch mit dem osmanisch-türkischen Sprachgebiet Vorderasiens deckt.

I N H A L T S V E R Z E I C H N I S

E I N L E I T U N G

Zwei Faktoren bestimmen vornehmlich die wirtschaftliche Entwicklung eines Landes; die geographischen Gegebenheiten und die Artung seiner Bevölkerung. Die Ära der hochgesteigerten europäischen Technik hat diese Tatsachen allerdings verschoben. Das unwiderstehliche Rüstzeug, das Dampf und Elektrizität für die Gestaltung des Weltverkehrs schufen, hat es möglich gemacht auch in Ländern, wo der zweite der Faktoren, der der Bevölkerung, für eine rasche Wirtschaftsentwicklung wenig zu bedeuten scheint, durch eine Minderheit westländischer Pioniere Bahnen zu ziehen, Bergwerke zu bohren, Fabriken zu errichten, die dem ganzen Lande rasch ein anderes Gesicht aufzuprägen vermögen. Allerdings erntet dann die einheimische Bevölkerung eine harte Vergeltung für ihr — meist unverschuldetes — Zurückstehen, nämlich den Verlust ihrer wirtschaftlichen Freiheit, dem dann oft auch der der politischen Selbständigkeit gefolgt ist —, soweit nicht etwa schon vorher eine direkte „Annektion" den Entrechtungsvorgang vereinfacht hatte.

Man kann in dieser sich oft wiederholenden Geschichte der europäisch-amerikanischen Welteroberung eine Unterscheidung treffen bezüglich solcher Völker, die trotz der Unabwendbarkeit dieser Entwicklung sich ihres Schicksals bewußt waren, und solchen, denen diese Erkenntnis erst später kam oder noch nicht gekommen ist.

Die Türken haben aus Art und Anlage heraus, wie auch auf Grund ihrer selbstbewußten geschichtlichen Tradition vom Beginn des Einströmens der überlegenen westlichen Technik an, zu den Völkern der ersten Gruppe gehört. In Europa hat man dieser Tatsache allerdings kaum Rechnung getragen. Genügte dem rastlos vorwärtsstrebenden Ingenieur und Kaufmann doch meist der unmittelbare Erfolg seiner Arbeit. Trat dieser ein, so wußte man zunächst der eigenen Tüchtigkeit Dank; selten nur auch dem geduldigen, ertragspendenden Lande. Blieb er aber versagt, so fand man den Fehler nur an Land und Volk, das der technischen Förderung zu widerstreben schien. Kaum aber ist man kritisch je geworden gegenüber der eigenen Methode, die über dem fachlichen Schaffen und Streben auf ein tieferes Landesverstehen und auf eine unbefangene politische Würdigung des laufenden wirtschaftlichen Durchdringungsvorganges vollkommen verzichtete.

Hätte man solchen Erwägungen von umfassenderer Warte mehr Raum gegönnt, so wäre manche Enttäuschung, die das romantisch wie unternehmerisch umschwärmte Land des Halbmondes beschert hat, gespart worden, und auch jene Flut von Schmähungen, die die einsetzende Technisierung den Türken eingetragen hat, wäre bescheidener geflossen. Tritt man tatsächlich zurück von den einzelnen Ereignissen dieser vielleicht siebzigjährigen Epoche, so muß unwillkürlich der Blick vom vorderen Orient hinüberschweifen bis nach Ostasien. Was das Inselreich Nippon durchgesetzt hat mit seiner erfolgreichen wirtschaftlichen Selbstbehauptung, nachdem es die strengen Schranken der Ausländersperre aufhob, das wäre eigentlich auch das Ideal des geschwächten Osmanenstaates des 19. Jahrhunderts gewesen.

Nicht so sehr anders geartete Grundeinstellung oder gar fehlende

Begabung, sondern hauptsächlich die ungleich schwerere Lage im Ausfallsstrom Europas hat die Entwicklung der Türkei des 19. Jh. eine soviel abweichende sein lassen. Als die feierlichen Kaiserlichen Reskripte der Jahre 1839 und 1852[1]) manches hinwegräumten, was europäischen Unternehmungsgeist gegenüber der Türkeibetätigung seither noch zaudern ließ, hat man sich rasch darauf eingestellt nunmehr völlig freie Bahn für wirtschaftliche Eroberungen zu haben, fast so frei wie in Ländern mit dunkelfarbigen Bewohnern. Wäre die Türkei damals ein Land gewesen so fern gelagert und so wenig kriegsbedroht wie Japan, durch einen stillen Ozean und durch einen Kontinent von achttausend Kilometern von den maschinenschaffenden Weltmachtzentren getrennt, die Fremdenbestimmungen des Hatti Humajun wären enger formuliert worden. Rußlands Macht bedeutete eine stetig drohende Gefahr; England und Frankreich erhoben bedrohliche Anwartschaften am östlichen Mittelmeer; im Balkan prägte sich stärker und stärker die Abfallgefahr aus. Und fast den sämtlichen Fremdvölkern im Reiche stieg beim Anblick der rings am Horizont sich häufenden Wolken und der aus ihnen winkenden Zeichen Zukunftshoffnung und Empörerkühnheit zu Kopf.

Wollte die Türkei kämpfen gegen wirtschaftlich-technische Überwucherung, die einzelne ihrer führenden Männer schon damals vorausahnten, so mußte sie diesen Kampf unter die Oberfläche verlegen; und sie hat es getan. Aus Programm wie aus Instinkt haben Regier-

[1]) Sowohl das Hatti Scherif von Gülhane (3. XI. 1839) wie das Hatti Humajun (18. II. 1856) schufen mit ihrer Festlegung der grundlegenden Rechte insbesondere der christlichen Einwohner wie auch der Ausländer die maßgebliche Plattform für die europäische Wirtschaftsexpansion im Lande.

ung, Beamtenschaft und manche Volkskreise seit jenen Jahren einen ständigen Abwehrkampf geführt, der mit den offiziellen Regierungserklärungen und mit dem äußeren Gesicht so vieler Europa anlächelnder Manifeste und Versprechungen in seltsamem Gegensatz stand. Die ununterbrochene Kette von Klagen und Beschwerden, die seitdem immer wieder laut geworden sind über türkische Rückständigkeit, türkische Fortschritts- und Fremdenfeindschaft, türkische Intriguen und technischen Unverstand, entspringen alle diesem Boden der ost-westlichen Gegensätzlichkeit, die hier im Kampfe um den sogenannten Fortschritt zu heimlichem Austrag kam.

Für den Anblick der türkischen Zeltlager vor Ofen und Wien im vorangegangenen Jahrhundert begann die Christenheit sich jetzt die Vergeltung zu holen mit Lokomotiven, Bergwerksmaschinen und Bankgründungen, die sie in das Herz des Türkenlandes zu langsamer Unterjochung pflanzte. So und nicht anders ist von vielen Türken die Lage betrachtet worden. Gefühlsmäßige Absage im Volke, diplomatischer Widerstand des Beamtentums, das war die Antwort, die das nationale Türkentum erteilte, freilich ohne daß Europa sie richtig zu deuten verstanden hätte. Es mag sein, daß man im Westen auch deswegen dem Kern der Probleme nicht nahe kam, weil alte Kultur und Eigenart der Türken die wahren unverwischbaren Gegensätze mit dem Schleier einer mustergültigen Verbindlichkeit des Umgangs überdeckte.

Vielleicht ist es schwer gewesen, schon zu Moltkes Türkeizeiten diese verborgene Gestalt der Dinge zu erkennen, und auch jene spätere Epoche einer deutsch-türkischen Annäherung im Zeichen eines Abdul Hamid und eines Enver Pascha mit ihrem großem Überschwang, hat bei den meisten deutschen Türkeifreunden die Blindheit für diesen wichtigsten Sektor des Gesichtskreises bestehen lassen. Die Veränderungen des Weltkrieges und die noch stärkeren Wellen, die sein Abklang über den Erdball entsendet, lassen diese Zusammenhänge jedoch voll plastisch hervortreten in Gestalt der allenthalben deutlich gewordenen leidenschaftlichen Europaabwehr der nichtchristlichen Völker.

Nachträglich beleuchten somit Erkenntnisse, die notgedrungen an der Weltwende des beginnenden 20. Jahrhunderts zugleich mit ihrem vielgestaltigen Unglück emporsprießen, auch bezüglich der Türkei viele vormals unverständliche Begebenheiten, denen unter anderen auch deutsche stets ideal gerichtete Forschung und die oft selbstlose deutsch- technische Arbeit im türkischen Anatolien begegnet sind. Es zeigte sich, daß von Hatti Humajun bis zum Kurdenaufstand 1925 eine große Linie der Abwehr wie ein roter Faden die türkische Einstellung zu Europa durchzieht.

In Zukunft vollends wird es deutschen Erwartungen nicht dienen, wie seither auf gediegene geographische Landeskenntnis technisches Wissen zu türmen, und, gewinnbares Kapital vorausgesetzt, solchergestalt Zukunftsschöpfungen ins anatolische Land vorauszuprojizieren. Noch mehr als früher wird derartig geschaffene Planung stärkstes Widerspiel finden und zur praktischen Unfruchtbarkeit verurteilt sein.

Nur das wird dem Schicksal ungezählter früherer Projekte entgehen, die Luftschlösser geblieben sind, was im Sinne der türkischen Nation als Förderung dasteht, was wahren heranstehenden Bedürfnissen des türkischen Volkes entspricht, was in das vaterländische

Programm sich eingliedert, und was darum von der Billigung und Förderung jener neu geformten Landesregierung getragen ist, die in früheren Zeiten für viele europäische Unternehmerkreise mit ihrem Wünschen und Wollen bedeutungslos blieb. Im Umschwung wie im Ausgleich liegen heute neue Kräfte bereit, in denen türkischer Betätigungswillen überall ans Licht bricht, den aber nicht die Forscher geweckt haben mit ihrer hoch überlegenen Betätigung, sondern die der Weltkrieg wachrüttelte mit seiner Zielenthüllung und seinen Verträgen, die dem „krank" geheißenen türkischen Volkskörper die Schlinge um den Hals zu legen trachteten.

Gerade für den bedeutsamen Standpunkt richtig sich einstellender Wirtschaftserwägungen empfiehlt sich eine Betrachtung des Türkenlandes, die zwar die geographischen Verhältnisse zur Grundlage nimmt, sich aber sonst weitgehend mit der Wissens- und Willenswelt beschäftigt, die heute das türkische Volk erfüllt.

Kleinasien ist so oft von den Wissenschaftlern als ein geographisches und klimatisches Kleinbild des weiten asiatischen Kontinents angesprochen worden — heute ist Anatolien in siegreicher Feindabwehr das politische Abbild, das die Empfindungen und Hoffnungen der ringenden Völker Großasiens und Afrikas spiegelt.

KAPITEL I

BURGEN, SCHLUPFWINKEL UND KÄMPFENDE VÖLKER

Im äußersten Nordosten des heutigen Türkenlandes ragt der Bergriese Ararat. Er ist Völkerwiege und Völkerscheide zugleich, seit jener sagenhaften Stunde, in der Noah zur Neubelebung des Erdballes der gestrandeten Arche entstieg. Vielleicht ist dieser Berg ein Symbol für die Geschehnisse in den Gebieten des östlichen Anatolien, und insbesondere für die Herzzone dieses Landes. Sowie unendliches Leid unausschöpfbar sich fortpflanzt in der Menschheitsgeschichte, die auf dem Gipfel des majestätischen Berges neu begann, so ist auch die Chronik des Hochlandes, das man das armenisch-kurdische zu nennen pflegte, mit Blut und mit Tränen geschrieben. Keines der Reiche und Weltreiche, die um das östliche Mittelmeerbecken sich bildeten, hat vor den schneeigen Ketten dieser Gebirgswelt halt gemacht. Ungeachtet ihrer Unwegsamkeit und dem Grimm ihres Klimas haben Assyrer, Meder, Perser, Diadochen, Römer, Byzantiner und die späteren islamitischen Reiche danach getrachtet, diese gewaltige Bastion zu besitzen, die Zugang und Überblick nach drei Himmelsrichtungen bedeutet, ihre Pässe zu sperren und ihren Bergrücken Burgen aufzusetzen.

In den breiten Senkungen zwischen den Kämmen und in den Schluchten der wilden Ströme, da wo sie wegsam sind, sind auf und nieder jene Völkerwanderungen gezogen, deren Wellen vom mongolischen Osten bis in die deutschen Odergaue gebrandet sind. Wer aber bleibenden Wohnsitz nahm in diesem Reiche nichtendenwollender Winterszeit und flüchtiger glutheißer Sommerwochen, der stand drin in dem Wirbel des Kämpfens und Ringens, und mußte, wenn Mut und Tapferkeit ihm nicht genügen konnten, mit List und Verschlagenheit sich zu behaupten suchen. Die Hänge beiderseits der Flußtäler und die mächtigen Plateaus, die zwischen den größten Ketten eingesenkt sind, bieten den Bewohnern ihr Obdach nicht nur für die schnell wandernden Zelte, aus Ziegen- und Bergschafwolle für lehmgedeckte kümmerliche Steinhütten, die im Boden halb versenkt sind, die Flanken vieler Berge sind durchwühlt von Höhlen und Kammern, in denen ganze Stämme eine schwer zugängliche Wohnung fanden. Hier vermochte man sicher das Vorüberbrausen feindlicher Völkerfluten abzuwarten, bis zu besseren Zeiten, wo befreit die Felder der Talgründe und die Weideflächen der Hochalmen wieder ungefährdet ihren Unterhalt spendeten.

Vielleicht steht dies Land einzig da in seiner Geschichte und Legende. Die Namen Noah, Baal, Nimrud, Haik,[1]) Semiramis, Alexander, Timur Lenk glänzen auf ihren Blättern; aber Epochen, in denen die Bewohner unbesorgt lebten und gesichert arbeiteten sind wenige verzeichnet. Blutig, kampf- und schicksalgequält, von der Menschen Wut wie von Groll und Urkraft vulkanischen Bodens geschüttelt,[2]) so ist hier das Dasein geblieben bis in die heutigen Tage. Stärker als die Gunst seltener Friedensjahre, die wie bleiche Blüten erglühen im Kranz dunkler Geschicke, erwies sich der Fluch nie erlöschenden

---

[1]) Stammheros der Armenier.

[2]) Im Frühjahr 1925 suchte ein schweres Erdbeben die Erserum-Gebiete heim.

Haderns und Hassens, der mit grauser Entvölkerung den Boden strafte, auf dem gar selten der Kampflärm schwieg.

Auf knappe Fristen, in denen um die schweren düsteren Stadtkastelle herum aufstrebende Siedlungen sich eilig entfalteten, in denen auf gesicherten Straßen ein starker Karawanenhandel dahinzog von Persien zum Schwarzen Meere, sind stets wieder Stürme der Feindschaft, des Ringens und Kriegens gefolgt. Zwar haben in den letzten Menschenaltern diese Gaue keine großen Völkerwanderungen mehr erblickt, aber die Politik der „Großen", die seitdem der Welt Fäden hielten, hat dafür gesorgt, daß an Stelle flutender und verebbender Völkerwellen ähnlich verderbliche innere Spannungen traten und nicht verlöschten.

Die Rassen und Völker, die aus den Fehden und Schlachten der vergangenen Jahrhunderte in die Ära der Weltmachtsstellung Europas sich hinüberretteten, hätten vielleicht doch einen modus vivendi untereinander gefunden. Aber den Zielen der imperialistischen Staaten, den Erfordernissen des Waffenganges Rußland—England war damit nicht gedient. So blieb der Kampf Losung bis in die letzten Tage, die unter Keulenschlägen des Hasses und der Gewalt ein Urvolk untergehen ließen, das hetitisch-armenische, und ein anderes seltsames Einwanderervolk, die germanisch gedeuteten (langschädligen) Kurden ihrer gesamten Stammesorganisation und alten Sippenlebens beraubt haben.

Auf den Höhen, bis unmittelbar an der Grenze des Schnees stehen im Frühjahr und Sommer die schwarzen vielhöckerigen Zelte der Kurden. Erst die einsetzenden Winterstürme entsenden ihre nomadischen Scharen in die tieferen Regionen, wo sie neben den scheu sich duckenden armenischen Talbewohnern die Zeit der Schneeschmelze erwarten. Einzelne Stämme, so die besonders rauhen, oft mit nackten Gliedern einhergehenden Dersims, bleiben auch winters auf halber Höhe hausen in ihren fensterlosen Steinbaracken, in denen Mensch und Tier eng aneinander geschmiegt, im Boden halb versunken, die schwere Jahreszeit durchtrotzt.

Die Türken, die mit Turkmenenwanderungen zu Beginn des 13. Jahrhunderts fern vom Osten her ins Land zogen, haben erst außerhalb der hohen Berge, und zwar am westlichen Rande des großen mittelanatolischen Steppenplateaus (Kap.V), in der Gegend von Eskischehir halt gemacht und dort feste Wohnsitze genommen. Erst von hier aus sind sie, mit machtvollen Heeren später sich rückwärts wendend, — nach Osten sowohl wie nach dem syrisch-ägyptischen Süden — im 14. Jahrhundert aufs neue im Oberstromgebiet des Frat (Euphrat), des Didschle (Tigris), des Aras (Araxes), des Tschoruk erschienen; diesmal als Herrscher, als Errichter von Staatsverwaltung, von Steuer- und Militärsystem. Wie aber Bergvölker sind, und wie es die unbezähmbare Freiheitsliebe der blonden Kurden nicht anders litt, ist die Herrschaft des Sultans in diesem Reich der tausend Gipfel nur eine nominelle gewesen. Mochten die Steuereinnehmer in den Tälern ihres Amtes am Armenier walten, der ohnedies ja als „Rajah"[1]) der Aushebung entzogen war, auf den Höhen des Kurdenlandes blieben des Sultans mohammedanische Untertanen nur ihren Cheichs und Sippenältesten heeres- und steuerhörig. Nur in den gewaltigen Bur-

[1]) Die christlichen Untertanen des Sultans — die Rajah's — waren trotz mancher früheren Reformprojekte bis zur jungtürkischen Erneuerung von 1908 dem Heeresdienste ferngehalten worden.

gen der „Derebeys"[1]) verkörperte sich für sie die Herrschergewalt im Lande. Noch Sultan Mahmud II. rang lang und schwer, um unter General Hafis Paschah mit Hauptmann v. Moltkes Hilfe die ragenden Kastelle der kurdischen „Talfürsten" und Gaugrafen zu zerbrechen; und Sultan Abdul Hamid II. war dreißig Jahre später der erste, dem mit der Schaffung der berühmt-berüchtigten irregulären Hamidieh Regimenter eine etwas straffere Militärorganisation gelang. Langsam, den Kampfverhältnissen trotzend, haben auch türkische Bauern sich im Gebiete seßhaft gemacht, bald im Anschluß an armenische Siedlungen, bald zusammen mit einer seßhaft gewordenen Kurdensippe, oder auch in selteneren Einsiedelungen. So ist das Gesamtbild des Landes in den letzten Jahrhunderten stets das dreigeteilter Bevölkerung geblieben, — dreigeteilt wie das politische Gebiet durch das der Schneedom des Ararat seine mächtige Kuppe drängt — bis die furchtbare Katastrophe der Jahre 1914—22 das Armeniertum mit einem letzten riesigen Aderlaß untergehen ließ.

Erhöben nicht allenthalben die ergreifenden Völkerschicksale ihre Sprache, deren noch junger Erinnerung sich kein Reisender im Lande entziehen kann, und schwiege einmal das Gieren der Weltpolitik, die immer noch ihre Finger nach diesem bedeutsamen Gebirgs- und Völkerknoten ausstreckt, es wäre ein lockendes Touristenland, und allenthalben wären wohl schon neuzeitliche Herbergen entstanden, wo heute noch wie einst das Mißtrauen politischer Befürchtungen jedem Landesfremden entgegenschreitet. Die Bergketten zwischen Frat und Mured, zwischen Tigris und Tochoruk erheben viele Häup-

[1]) Derebey = Herr des Tales, Talfürst.

ter bis zu dreitausend Meter, und die schneeigen Gipfel der höchsten Erhebungen ragen in vier- und fünftausend Meter Höhe in den lichtklaren Himmel der Reisezeit. Wild und schäumend ist der Lauf der Ströme, tageweit dehnt sich für den kühnen Schiffer auf schwankem Kelek[1]) das Gebiet der Stromschnellen, deren Brausen den Widerhall himmelhoch ragender Felswände weckt. In breiten und engen Senken glänzen die blauen Flächen der Alpenseen, deren mächtigster, der Wansee, sechs mal soweit sich dehnt wie der Bodensee. An seinem geschweiften Nordufer erheben sich der gewaltige vulkanische Kegel des Sipan Dagh (4434 m) und die gipfelbreite Bastion des Nimrud Dagh mit ihrem Kratersee. Trotz der Höhe des Seespiegels, die 1700 m über dem Meere beträgt, sind die Küstengaue des Wansees ein herrliches Fruchtgebiet. Neben Getreide, Sesam und Oliven gedeiht das Obst aller Arten in überraschender Fülle. Es bildet, neben den reichen Erzeugnissen der Viehwirtschaft, der Wolle, den Hörnern, gegerbten Häuten und neben den Galläpfeln der Eichwälder die Hauptgrundlage für den Export, der teils nach Südwesten über das Muredtal nach Charput und Malatia abfließt, teils über Erserum nach der alten Hafenstadt Trapezunt dem heutigen Trabeson seinen Ausgang nimmt. Nicht nur in den großen Senken des Wanseegaues und der westlich anschließenden — nur durch den spät entstandenen Nimrud Dagh abgesperrten — Ebene von Musch, auf den breiten Triften von Erserum, Ersindschan und in dem westlichen, viel milderen Übergangsland von Charput, Malatia und auf der noch weiter

[1]) Kelek ist das uralte Floß aus aufgeblasenen Tierhäuten, die durch einen leichten Stangenrost verbunden werden. Es ist auf dem Tigris und auf dem oberen Euphrat gebräuchlich, wo es auch von Hauptmann von Moltke zu kühnen Dienstreisen benutzt wurde.

westlich liegenden Usun Jaila („die langgestreckte Sommerweide") lassen die kurzen heißen Sommermonate reiche Ernten emporwachsen, auch in vielen kleineren Senkungen entfaltet der Kulturboden der „Ova-Landschaft" (Ova-Ebene) seine Fruchtbarkeit. Die Gesamtheit dieser weit zerstreuten Anbaulandschaften macht das eigentliche Siedlungsgebiet der nicht nomadischen Bevölkerung aus. Auch in diesen Tälern und Tälchen ist das Klima durchaus herb bis in den Hochsommer hinein. Dann aber ist es, als bestrebte sich der strahlend besonnte Boden mit strömendem Wachstum in wenigen Wochen das auszugleichen, was früher und länger zu spenden späte Nachtfröste und zeitiger Neuschnee ihm verwehren.

Schnee und Eis sind andererseits auch wieder wichtige Förderer der Vegetation des Landes. Von den Winterniederschlägen und von ihren verkrusteten Rückständen werden die Wassergräben der dauernd laufenden Rinnsale ergänzt, und ein kunstvolles Bewässerungssystem weiß in ungezählten feinen Kanälen das letzte Gut an Feuchtigkeit auszuschöpfen. Die fleißigen Armenier sind es gewesen, die es wohl am besten verstanden haben, solche Talsiedelungen in kleine Paradiese zu verwandeln, deren blütendurchsetzte grüne Üppigkeit wie bunte Juwelen hinaufleuchtet zu den höheren Regionen des rauhen Almgrases und der Felsen. Aus den Obstbauern entwickelte sich dort unten gar bald der Händler, der Ausfuhr und Einfuhr gestaltete, und damit entstand Wohlfahrt und stellenweise auch Reichtum. In den Klöstern und Kirchen, deren bedeutendste an den Ufern und auf den Inseln des Wansees entstanden, sammelten sich Schätze, die dem Volke die Erinnerung an seine einstige freie Vergangenheit erhielten und zum Symbol gesteigerter Zukunftshoffnungen wurden.

KAPITEL I

Rußlands Blick, der seit Peter dem Großen nach südlichen Meerküsten Ausschau hielt, lenkte sich schnell auf das armenische Volkselement. Damals — die Südkaukasuszonen waren noch türkisch — lebten vielleicht siebenzig von hundert dieses eigenartigen Volkes als Untertanen des Sultans. Der Rest teilte sich in persische und in russische Staatsangehörigkeit. Im zweiten Jahrzehnt des 19. Jahrhunderts verschoben persische Steuervergewaltigungen Teile dieser Armenier von dort nach dem russischen Grenzgebiet. Sie fielen auch hier härtester Steuerausbeutung anheim, verstärkten aber unbewußt das Leben jener Eriwan- und Aras-Ebene, die vorbestimmt war, zu Ende des Weltkrieges als selbständiger Staat Armenien im Verbande der Sowjetrepubliken eine neue Geburtsstunde zu erleben. Hier, dicht bei Eriwan, liegt das uralte Kloster Etschmiasin, das höchste Heiligtum der „autokephalen" armenischen Nationalkirche, das alle Heilserwartungen verkörpert. Der Katholicos von Etschmiasin ist der oberste armenische Kirchenfürst; ihm unterstehen die Patriarchen zu Wan, Sis, Konstantinopel, Jerusalem und in anderen Orten. Der Schatten Moskaus wie Angoras und die schräge Sonne des Völkerbundsrates fallen auf diesen neugegründeten kleinen zukunftsbangen Staat, der unter anderem die Heimstätte bilden soll, nach der die letzten Hunderttausende des versprengten Volkes geleitet werden, die heute noch heimatlos in christlichen Mittelmeerländern umherirren.[1]

Bedeutsamer für den russischen Imperialismus als die schwache Gründung des heutigen armenischen Staates waren die einstigen Armenier im türkischen Reiche. Sie stellten zahlenmäßig die Haupt-

[1]) U. A. hat sich Fritjof Nansen in den Dienst dieser Aufgabe gestellt.

masse des armenischen Volkes dar, erfreuten sich trotz der gelegentlichen kurdischen Raubzüge wirtschaftlichen Wohlstandes und liehen politischen Intrigen und Versprechungen nur zu gerne ihr Ohr. Hier bei den Armeniern im Osttürkenlande ließ sich der Hebel einsetzen für politische Experimente und für geheimbündlerische Vorbereitung späteren bewaffneten Einmarsches. Die Kanzleien der Kaiserin Katharina sahen zuerst den Entwurf eines armenischen Staatswesens, und seit dieser Zeit ist unter Zuflüsterungen und Aufputschungen das armenische Volk der Türkei der Hebelblock gewesen, über dem drückend und quälend die Machtwage dieser Grenzländer zwischen Sultan und Zar auf und nieder ging. Politisch vergiftet war die Luft im Land soweit als gehäuft die Armenier wohnten. Handel und Wandel war in Fesseln geschlagen, wo die russisch-türkische Grenze sich spannte und das Mißtrauen der Regierungen auf der Lauer lag. Die Zukunft lastete schwer auf aller Entwicklung und hielt die Ansatzpunkte wirtschaftlichen Fortschrittes in ständigem Schatten.

Die russisch-türkischen Kriege von 1828, 1853, 1877 und 1914 sahen jedesmal neben dem Vorstoß am Westrande des Schwarzen Meeres gegen Bosporus und „Zarigrad" den Einbruch einer Zarenarmee von Tiflis auf Kars und von Kars auf Erserum. 1915/16 gedieh der russische Vorstoß über leidvoller Abwehr erschöpfter türkischer Heldenscharen sogar weit über Ersindschan hinaus. Hier brachte der Friede von Brest-Litowsk dem Bundesgenossen Deutschlands die Entlastung und anschließend die Wiederräumung dieses für die Zukunft des Türkenvolkes vielleicht bedeutungsvollsten Gebietes. Und jedesmal fanden sich die armenischen Herzen und die armenischen Waffen auf des Feindes Seite.

KAPITEL I

Wer von europäischen Reisenden im vergangenen Jahrhundert die türkischen Ostgaue besuchte, ward oftmals verwirrt durch die Aufmerksamkeit, die nahezu überall die örtlichen Behörden seinem Tun und Lassen widmeten. Der Archäologe, der vielleicht eine Felsinschrift an einer der unterirdischen Durchbruchstellen des Frat oder des Didschle[1]) aufzeichnete, wurde verdächtigt, wenn er etwa auch den Flußlauf daneben auf seiner Skizze eintrug. Schwierigkeiten wegen der Pässe, Verzögerung der Weiterreise, Verweigerung der begleitenden Gendarme, übertreibende Warnung vor den Gefahren der Gegend waren häufig die Folge. Insbesondere die Geographen haben solche Erfahrungen — und nicht nur hier im Osten — gemacht. Sie mußten sie machen, denn wie seither ist selbst noch die heutige Türkei aus der Beschränktheit ihrer Machtmittel dazu verurteilt, ihrem Kampf gegen Überfremdung und zersetzende Einflüsse der passiven Abwehr ein breites Gebiet einzuräumen.

Welche Entdeckerfreuden, welche Entzückungen enthielt doch dies Land für seine ersten forschenden Befahrer. Wie begeistert ließ sich der majestätische Wurf seiner Bodengestaltung beschreiben, die Kämme und Höhen an den Talengen und Paßschluchten schildern, die mit Kastellen wie von Riesenhänden errichtet die Tradition heroischer Epochen bis ins Heute hauchkräftig erhalten haben. Wie machtvoll predigen noch jetzt die Felszitadellen von Wan, von Bitlis, von Musch, von Palu am jagenden Muredlauf, von Charput und Malatia und vielen anderen Städten von jenen jüngst vergangenen Tagen, da der herbe Berggeist hier noch seine Freuden hegte am handfesten Reckentum, das mit blanken Waffen und freien Gliedern daher-

[1]) Tigris.

schritt, nichtsahnend jener Zeit entgegen, die mit Elektrizität und Chemie wahrem Mannesmut, echtem Kriegertum das Todesurteil sprach.

Viele dieser Städte zeigen ein Bild dem von Salzburg vergleichbar. Zwischen steilen Höhen eingebettet eine blühende Talebene mit geschwungenem Flußlauf, und mitten drin emporgeschleudert vulkanische oder geschichtete Felsblöcke, die Zwingburgen tragen von einer Macht und Ausdehnung, wie sie Europas Burgenbau nicht kennt. Aber wie mindert sich doch für jeden, nicht besonders freien inneren Sinn der Genuß selbst solcher bilderschönster Fahrten, wenn auf Schritt und Tritt und trotz Höflichkeit und Gastlichkeit der Landesbewohner, immer wieder der Eindruck auftaucht, daß man im Grunde doch mehr geduldet als willkommen ist. Richtige Wappnung gegenüber solchen Eindrücken trug hier nur derjenige, dem immer bewußt blieb, daß er hier in einem Bereich wandelte, wo wie die Naturkräfte so auch die benachbarten Staatsgewalten sich mit verborgener Gewalt gegeneinander spannten. Wer Erserum in der Hand hält, wo die alte persische Königsstraße von Täbris nach Trapezunt mit der vom Syrischen Golf nach Tiflis sich kreuzt, wer Bitlis und Charput beherrscht, der sichert sich den bewaffneten Auslauf aufs anatolische Plateau und in die mesopotamisch-syrische Niederung.

Manchen Aufschwung hätte hier unter einem Zeichen voller türkischer Selbstbehauptung das Wirtschaftsleben nehmen können. Aber die russisch-türkischen Friedensschlüsse und der auch im Frieden fortdauernde Druck zwangen den türkischen Staat zum Verzicht auf jeglichen Bahnbau im Osten Anatoliens. So wie englischer Einfluß die bis jetzt einzige Überlandbahn Anatoliens, die Bagdadbahn, am Golf von Alexandrette bis in den Bereich seiner Schiffsgeschütze an die Meeresküste heranzwang, so war auch ein Fortbauen des nördlichen Astes der Bahn, östlich von Angora mit Petersburgs Kriegserklärung bedroht. Umgekehrt aber wurde auf russischer Seite nach der Eroberung von Kars 1828, die strategische Kaukasusbahn, klaren, offenkundigen Ziels bis dahin vorgetrieben, und im Weltkrieg flog die Schienenverlängerung unmittelbar hinter den eindringenden russischen Armeen her, bis Erserum und noch ein Stück darüber hinaus. Erst der befreiten neuen Türkei, die die dahinsiechende Sultanskraft durch die geniale Kühnheit eines Mustafa Kemal ersetzte, ist es möglich geworden den anatolischen Osten selbstverständlichen Wirtschaftsentwicklungen zu öffnen, wenn auch um den harten Preis des hierfür politisch unerlässlichen armenischen Opfers.

Mühsam hat mit der türkischen Staatsmacht auch die türkische Kultur hier im rauhen Osten ihre Anrechte erworben; doch sie kam zum Erfolg. Nie ist es bestritten worden, daß türkische Volksart und Lebensart es gewesen ist, der es in erstaunlicher Weise gelang, dem bunten Völkerbilde, das das spätbyzantinsiche Kleinasien bot, einen neuen einheitlichen Stempel aufzuprägen. Überall steht Anatolien im Zeichen seiner türkischen Jahrhunderte, auch im Wohnkreise der klugen und strebsamen Armenier, wie ja ebenso für die christlichen Völker der Balkanhalbinsel die türkische Art — vor der Verfallzeit — kulturelle Bedeutung neben der politischen besessen hat. Vielleicht ist es symbolisch, daß Mustafa Kemal dem Westgebiet des Türkenstaates, dem mazedonisch-türkischen Kulturkreis der Stadt Saloniki entstammt, er, der im Frühjahr 1919 keine andere Region zum Bergfried des nationalen Widerstandes machte und zur Kernzelle der wiederauflebenden Türkenkraft, als das bergige Schlüsselland im äußersten Osten und die gierumflochtene Festungsstadt Erserum. Während der Hauptfeind, die Entente und ihre Soldgänger die Kanonen von Konstantinopel und Smyrna auf das Herz des Landes richtete, führte er den Feldzug nach Kars und Ardahan, gewann sie wieder nach hundertjährigem Verlust, und sicherte so aufs neue Erserum, die Wangaue und das obere Zweistromland, bis die schmähliche Bahnlücke Angora—Siwas—Erserum geschlossen sein wird, in der, vielen unbekannt und ungeahnt, die lüsterne Klaue des russischen Bären sich spreizte. Ein Bündnis mit dem Urfeind von gestern dem Moskauer Sowjetstaat, krönte im März 1921 diese grundlegenden Taten.

Das armenische Volk hat in diesen Jahren und in den voraufgegangenen Weltkriegsjahren sich seinen erhitzten Selbständigkeitsphantasien opfern müssen. „Seid wachsam, hofft auf uns und benutzt jede Gelegenheit zu unseren Gunsten einzugreifen", so flüsterte Rußland jahrzehntelang und verstärkt seit dem Frieden von St. Stefano (1878). „Seid widerspenstig", und wenn die Türken Vergeltung üben, so scheut euch nicht vor den Opfern, die die ersten Aufruhre bringen, „wir werden eingreifen und euch befreien", so ließ sich leise Englands Stimme vernehmen in den Jahren, da Deutschlands Türkeiunterstützung sich abzuzeichnen begann. „Kämpft, plündert und rächt euch", so lehrte Frankreich die genarrten armenischen Legionäre, die es in französischen Uniformen im Jahre 1919 vom besetzten Adanatal aus gegen Mustafa Kemals patriotische Soldaten hetzte. Stets waren solche Worte gelogen, und heute wissen die überlebenden Armenier in der ganzen Welt, auch wenn sie den persönlichen gefärbten Türkenhaß nicht vergessen können, daß die Quelle all ihres Elends die europäische Macht- und Minoritätenpolitik gewesen ist.

Am zweiten nicht türkischen Volk dieser Gaue, an den Kurden, hat sich im Jahre 1925 das feindliche Sinnen und Trachten Englands ausgewirkt. „Ein selbständiges Kurdistan muß geschaffen werden", so sprachen die englischen Mitarbeiter am Sèvres-Vertrag. Was damals politisch nicht gelang, versuchte man dann mit Waffengewalt. Alter gekränkter Ehrgeiz vertriebener Stammesfürsten von Bagdader, vom Aleppiner Verschwörungshafen aus, gaukelte den Gau- und Sippenältesten vor, der Kurden Freiheit und Besitzstand, ihre besonderen soldatischen Rechte — innerhalb der türkischen Armee — ja ihr Glaube und ihre Sitten seien bedroht, während mit Ententehilfe ein hamidischer Prinz bereit sei, alte Zeiten wieder heraufzuführen, in denen Ritterschaft und Mannen frei waren, frei wie die Luft auf ihren hohen Bergen, Krieg führen konnten oder Raubzüge halten gegen die armenischen Talgaue, wie es von ihnen gern geübt und von jenem Sultan auch geduldet war. Darüber ist es zu neuer völkischer Umgestaltung gekommen in den Tälern der „Dere-Beys". Heute existiert kein Stammesfürst und kein Gaugraf mehr. Der türkische Zorn, der den Pfeil des Kurdenaufstandes auf das Herz der jungen Nation gerichtet sah, hat alles zersplittert, was einer neuen Abfallbewegung Grundlage bieten kann. Auch die Kurden werden „türkisiert", und man wird verstärkt versuchen ihr Leben zu seßhaften Formen, wie sie jede zentrale Landesgewalt erstreben muß, umzubilden.

Ein gut Teil Romantik verschwindet damit von den Bergen und den Burgen der taurischen Scholle. Gleichzeitig aber mit den verschwindenden Sitten rauhster Kampfesfreude, seltsamster Ritterlichkeit verschwindet auch die Bereitschaft zu Massaker- und Plünderzügen, die nie davon zu trennen in die Politik der Mächte verstrickt war, und die gerade in den letzten Jahrzehnten kaum eine Tallandschaft verschont hat. Wurde Kriegsluft gewittert oder drang nur sonst eine Unruhe stiftende Kunde an kurdische Ohren, gleich saß der Kandschar locker, wurden die Feuerwaffen bereitgestellt. Nicht nur im hohen Bergrevier, selbst in den Städten, so bei den Blutbädern in Konstantinopel (1897) und in dem zweifachen Unheil von 1897 und 1908 im Adanatal, sind es immer die kurdischen Krieger gewesen, — „Aschiret" — die das Henker- und Räuberamt übernahmen. „Aschiret gelior" („die Krieger nahen") ist ein Ruf, der ohne weiteres „Blut" bedeutet in den mesopotamisch-kurdischen Gauen. Selbstverständlich ist diesen wilden Burschen das Waffenhandwerk; das Menschentöten löst nicht den geringsten Schauder aus. Das wurde dem Verfasser besonders deutlich, als er einst im, von armenischem Leben erfüllten Basar von Mersina einen jungen Kurden, der gerade einen Einkauf getätigt hatte, einen vor seiner Bude hämmernden armenischen Schuster in voller Gemütsruhe und auch in voller Öffentlichkeit fragen hörte: „ne seman sise kessedschek?" „Wann schlachten wir euch denn mal wieder?" Es waren irgendwelche aufregenden politischen Gerüchte aus Konstantinopel im Umlauf im Basar, und der erste Gedanke, der diesem Sohn der Berge kam, war der eines bevorstehenden Massakers. Um viel mehr als eine Million Seelen haben kurdisch-armenisch-türkische gegenseitige Gewalttaten und die zwangsweise Deportation während des Weltkrieges, schließlich der Kurdenaufstand von 1925 das Land geschädigt. Jetzt klaffen Lücken in Städten und Dörfern, Burgen und Schlupfwinkel sind geleert, und in Verwüstung liegen weithin die Siedlungen der Talgaue. Aber politisch ist für die Regierung in Angora jetzt der Zustand wiedergekehrt, der bestanden hat in den achthundert Jahren verträglichen Zusammenlebens, in denen wenigstens zwischen Armeniern und Türken keine Gegensätze bestanden. Erst als Rußland und später England die Armenier gegen die Pforte ausspielte, und man in Konstantinopel um den Verlust dieser Gegenden zu zittern begann, die der Russe in wenigen Tagen mit seinen Truppen erreichen konnte, während man in Konstantinopel mit Wochen des Fußmarsches zu rechnen hatte, griff der skrupellose Sultan Hamid zu dem diabolischen Schachzug einer türkischen Begünstigung der kurdischen Überfallslust.

Teilweise werden türkische Siedler aus Griechenland, die Rückwanderer, die auf Grund des Lausanner Vertrages in größerer Welle die Heimat befruchten sollen, die Bevölkerungslücken schließen. Langsam wird das Wiederaufbauwerk sich weiter entwickeln und in zäher Arbeit seinen Erfolg finden. In dem großen Gewinn politischer Klärung und befreiter Wirtschaftsführung, die nach einem Jahrhundert politischer Wirren über Weltkrieg und Befreiungskrieg die Türken wiedergewannen, darf indessen das Unterpfand neuer gesicherter Aussichten, neuer starker Gestaltung erblickt werden. Über diese — jetzt erst voll türkischen — Gaue hinweg vermag die ringende Vormacht Asiens sich anzulehnen an die Völker und Strömungen im großasiatischen Kontinent, an die Länder Turan und Turkestan, die die frühe Heimat auch der osmanischen Türken gewesen sind.

KAPITEL II

SCHNEEFELDER ÜBER HEISSER EBENE

Das Gebiet, das heute die südliche Begrenzung der Türkei — gegen Syrien wie gegen den Irakstaat — bildet, wird beherrscht von einem mächtigen Kontrast des Landschaftsbildes. Flach breitet sich in seiner äußersten Zone die Ebene unterm schwankenden Steppengras. Hindernislos gleitet der Schienenstrang darüber, der Aleppo mit Mossul, Syrien mit dem Irakgebiet verbinden soll. Ins Unbegrenzte schweift zur Rechten des Reisenden der Blick, flimmernde Halme und flimmernde Luft, das ist der Anblick, der in breiter Bahn sich hier immer wieder erneut bis hinunter zur Arabischen Halbinsel. Zur Linken aber steigt mächtig getürmt der Wall der Taurusberge auf, der mit seinen schneeigen Kämmen die Begrenzung und den Abschluß des großen hinteranatolischen Hochlandes bildet. Scharf, in großer, annähernd gerader Linie, scheidet sich Bergzone und Flachland. Nur im Einzelbild schieben sich hie und da flache, schmale Steppenzungen in die Bergregionen hinein, während zwischen ihnen steilere Gebirgsausläufer bastionsartig in die Ebene vortreten. Auch im zentralen Anatolien findet sich eine Steppenzone, dort im abflußlosen Gebiet des großen Salzsees, (Kapitel V) aber es haftet jenem flachen Gefilde noch nicht ein solcher Eindruck von Unendlichkeit an, wie er in der viele Reisewochen weit gespannten syrisch-mesopotamischen Flachlandschaft den Fremdling umfängt.

Und doch trotz der scheinbaren Scheidung, in der hier ein riesiges

Bergmassiv neben eine noch viel größere Ebene gestellt ward, ist zu keiner Zeit seit Assur und Ninives Tagen eine politische Grenze hier gelaufen. Erst den Bleistiftweisheiten am grünen Tisch ententischer Weltberichtigung blieb eine solche politische Schöpfung vorbehalten. Immer haben die Völker der Berge zur Ebene ihren Auslauf genommen, und immer hat es die Beherrscher des Iraks wie der syrischen Ebene gedrängt jene Riesenbastion im Norden wenigstens an ihren Rändern zu besetzen. In diesem Streben liegt auch heute das strategische Gesetz des türkisch-französischen wie das des türkisch-englischen Problems in Aleppo und im Mossulgebiet umschlossen. Völkerzersplitterung, Völkervermischung und Völkerdurchdringung sind die Folge dieses Gegeneinanderdrängens gewesen, und buntscheckig, unbekümmert um politische Grenzkünsteleien, ist hier bis heute das Völkerbild geblieben, noch vielfältiger als oben im Hochlandsgebiet. Neue Laute, wie sie in Anatolien nirgends zu vernehmen waren, schlagen an das Ohr des Reisenden, der vom Plateau heruntersteigt. Es ist die rauhe kehlige Sprache der arabischen Einöden, die erklingt soweit der flache Boden sich dehnt. Aber es sind durchaus nicht alles Beduinen, die in diesen Lauten sich verständigen, nicht alles Araber, die da im langen, weiß und braun gestreiften, wallenden Gewand und mit mächtigem, flatterndem Kopftuch einhergehen. Köpfe mit germanischem Anklang stecken neben den ausdrucksvollen semitischen Gestalten in der gleichen, die Steppenhitze abwehrenden Tracht. Es sind Kurden. Wahrlich Kontraste: der Kurde, der dort im Eishauch der winterlichen Obereuphratberge mit halbnackten Gliedern der Witterung spottet, die kurdische Mutter, die das Neugeborene in rasch gewühlter Schneegrube ein erstes Bad erproben läßt, und die sonnverbrannten kurdischen Ackerbauer hier am oberen Rande der mesopotamischen Ebene, die ganz wie die Söhne Sems und Abrahams in Abeje und Kefije sich hüllen[1]). Nicht nur kurdische Siedlungen durchdringen sich hier mit den Lehmdörfern des seßhaften arabischen Elements, auch die Türken sind herniedergestiegen an den Rand der Ebene, seitdem Sultan Selims Zeit ihre Staatsmacht bis an das Rote Meer und bis ins Niltal ausdehnte. Im Westen im Gebiet von Aleppo und im Osten bei Mossul buchtet über den Ortschaften türkischer Ackerbauer und Obstgärtner die Sprachgrenze weit nach Süden aus und gestaltet so die türkisch-völkischen Pfeiler im Flachland, die die Petroleumpläne und die Kurdenpolitik der Ententemächte heute umkämpft.

Auch das vermittlungsgewandte Armeniervolk ist aus seinem Berggebiet an die Ränder vorgestoßen und hat die fruchtbaren Höhenlagen des Kommagene Taurus, des Karadscha Dagh, und des Tur Abdin gewonnen. In die Ebene hinunter sind sie jedoch nicht weit vorgestossen, wenn man vom rein handeltreibenden Element der Großstädte absieht, das wie in Teheran und Bagdad so auch im Aleppiner, im Damaszener und Jerusalemer Basarleben stark vertreten ist. Aber die städtische Kultur des Randgebirgslandes verdankt großenteils dem Fleiß und der Betriebsamkeit der Armenier, ihrer Handwerksfertigkeit und ihrem Erwerbsgewinn die stattliche äußere Gestalt.

---

[1]) „Abah" oder „Abeje" ist der große, überwurfartige Mantel von rechteckigem Schnitt, der für den ganzen Steppenorient charakteristisch ist; Kefije ist das große quadratische Kopftuch, das zum Dreieck gefaltet von hinten über den Stirnrand gelegt wird, und mit einer mehrfach um den Kopf gewundenen sehr unterschiedlich geflochtenen, dicken Schnur, dem „Aghal", festgehalten wird.

Freilich kommt noch ein überkreuzendes Element hinzu, die Steinbauweise der seßhaften Araber der baumlosen Ebene, die heraufgestiegen ist bis in die verhältnismäßig waldnahen und holzreichen Zonen von Marasch. Hier, in Aintab, in Urfa, in Diarbekr verdankt das Stadtbild seinen festungsartigen ernsten und ob seiner peinlichen Steinmetztechnik bewundernswerten Gesamtcharakter der Arabisch-armenischen Tüchtigkeit im Handwerk. Das türkische Giebeldach mit der munteren Note seiner roten Ziegel, die braunen Holz- und Fachwerkwände des nördlichen und westlichen Anatolien sind ganz verschwunden. Steinflächen, scharfe Haussteinkanten, steinplattenbelegte, dichtgepflasterte Straßen und Höfe und die flachen Treppenlinien der benachbarten platten Dächer kennzeichnen diese Bauweise. Einzig das Halbrund der türkischen Kuppelmoscheen und die hohen Lanzen ihrer Minarehs durchbrechen die gehäuften horizontalen Linien; aber erneut nehmen sodann die Stadtbefestigungen mit ihren Türmen und Umwallungen und mit den mächtigen Köpfen der bezinnten Stadtkastelle das Terrassenmotiv wieder auf.

Während unten im Tal die monotonen, tiefen Akkorde der Steppeneinsamkeit das weichere Klangspiel der Korn- und Baumwollfluren, der Reis- und Tabakfelder an den verzweigten Flußarmen übertönen, bietet die Bergregion Mesopotamiens viel stärker bewegte landschaftliche Eindrücke. Die weiten Anbauflächen, die hier um die städtischen Siedlungen und auf den absteigenden Terrassen des Taurusfalles sich erstrecken, sind umrahmt von blauen kahlen Höhen, und beim Durchbruch der größeren Gewässer durch den Taurusriegel ringen die Elemente Fels und Fluß in gigantischen Kämpfen. Beide Ströme, Euphrat und Tigris, gestalten hier im Durchsägen der mächtigen Randkette die großartigsten Szenerien. Hier liegen die tagelangen Stromschnellen, die Moltke auf seiner kühnen Floßreise, Palu (am Mured-Arm des Frat) — Samsat, überwand. Hier sind in den Felswänden überm Fluß die stundenweit erstreckten Höhlenstädte eingeschnitten, die von nie endenden Fehden, von Flucht und Bedrückung erzählen. Hier auf den buchtenden Felsrücken wie im ragenden Rumkale im historischen Said Bey Kalessi[1]) sind die stolzesten Zwingburgen kurdischer Raubgrafen errichtet.

Im schwarzen Diarbekr, dem alten Kara Amid, steht die heute noch prunkende Fassade eines Sassanidenpalastes, und die gewaltigen geflickten Mauern und Türme, die an der senkrechten Klippe hoch über dem Tigris beginnend, die ganze Stadt umziehen, berichten von den Kämpfen der Byzantiner, der Araber, der Mongolen und der Türken. Während Diarbekr hauptsächlich Handelszentrum ist, befindet sich um Mardin, die Stadt mit anderer riesiger Zitadelle, und in ihrem Süden, im weitverzweigten Gebiete des Charburflußsystemes weites reiches Kulturland. In Urfa und westlich davon in Serudsch sind breite Talsenkungen des oberen Nahr Bilidsch, ebenso bei Aintab und Kilis, die die Ufer westlicher Euphratzuflüsse zu prächtigen Anbauzonen gestalten.

Es wäre ein gesegnetes Gefilde, das bergige Mesopotamien und die Zone an seinem Fuße, wenn nicht auch hier Imperialismus und Großmachtspolitik verhängnisvolle Worte sprächen. Gegensätze in der Bevölkerung sind auch hier gegeneinander ausgespielt worden, ja Völker- und Kriegerwellen in den vier Himmelsrichtungen sind

[1]) Es ist die unter H. v. Moltkes Leitung im Mai 1838 belagerte und bezwungene Kurdenburg.

seit Beginn des Weltkrieges erneut durch diese Zonen gezogen. Wieviel armenisches Elend haben die Gebirgsausläufer und das Strombett der beiden Flüsse damals gesehen, wieviel tausend Leichen Erschlagener sind auf den Wassern des Euphrat und Tigris hinuntergeschwommen. Wieviel verschmachtete Körper sind in den Konzentrationslagern des mittleren Zweistromlandes von der Sonne verdörrt, von Schakalen und Geiern zerrissen worden. Die breite Ebene ist ein Grab geworden für Hunderttausende, die das russisch-englische Ränkespiel, türkische Staatsnot und türkischer Vergeltungszorn aus ihren Wohnsitzen im Norden vertrieb in Elend und Tod. In stundenlangen Zügen des Jammers stiegen sie aus dem Land segenspendender Hochflächen auf schmalen und breiten Paßwegen hindurch und hinunter nach dem glühenden sengenden Tiefland, das seinen gelben Rachen unbarmherzig nach ihnen öffnete. Türkische Gendarme bewachten die ungezählten Familien, denen alle halbwegs Wehrhaften bereits entrissen waren, und führten sie weiter dem Verderben entgegen. Die Kurden aber, getreu hamidischer Tradition, machten Überfälle auf die wehrlos sich dahin Schleppenden und auch die schnell erregbare Beutegier der Beduinenstämme machte sich auf, den ob ihres Glaubens verfemten, den durch ihre Europagläubigkeit schuldig gewordenen, die letzten Reste einstiger glücklicher Habe schmählich zu entreißen.

Währenddem führte der Weltkampf, der hier um Mossul und Bagdad geführt ward, deutsch-türkische Scharen aus den Becken des Adanatales, wo sie sich sammelten, über die letzte so wintersrauhe Gebirgsschwelle des Amanus hinüber und dann von Westen nach Osten zum Tigris, mitten hindurch durch den ständig rinnenden Zug des Elends, das die armenischen Türkeichristen gepackt hielt. Zerrissene, unverständliche Bilder zeigten sich damals den deutschen Bundesgenossen und forderten zu starker Kritik heraus an den Dingen, deren letzte Gründe ja kaum zu erkennen waren.

Ein Land, dem die Geschichte märchenhaften Feldersegen nachzurühmen wußte, ein Land, das wenige Talsperren an den Gebirgsausgängen der blauen, kühlen Höhen oder auch nur ein großzügig geregeltes Schöpf- und Bewässerungssystem jederzeit wieder in ein Paradies des Überflusses verwandeln müßte, lag in breiten Strecken grau und tot neun Monate lang unterm Brand unerbittlicher Sonne. Tagelang fehlte den Marschierenden auf der großen Etappenstraße nach Bagdad der notwendigste Trunk. Mensch und Tier litten ungewöhnlich unter der jähen Glut. Zur Qual wurde der schwarze Lederrock, mit dem erste deutsche Kraftfahrer den Sonnenbrand auf sich saugten, in der erbarmungslos still stehenden Luft verhängnisvoller Pannen. Nur wirre Fahrspuren waren zu erkennen, als Richtpunkte für den Marsch. Ein Wegbau ließ sich höchstens da erkennen, wo etwa verwitternde alte Brücken vom Abstieg der Jahrhunderte, eingestürzte neue von Unternehmer- oder Beamtenschwindeleien jüngerer Jahre ein Wort kündeten. Meist überschritt man neben solchen einsamen Wegzeichen die geklüfteten Wadis, versickernde Wasserlöcher unter stundenlangen Mühen. Wenn es ging, reiste man nachts und erlebte Staunen, wenn am Abend die Kerzen, die vorm Mondaufgang leuchten sollten, aufgezehrt bis auf die magere Schlange Dochtes in den Laternen befunden wurden. Heuschrecken und Skorpione riefen Belästigtsein und Ekel hervor. Unheimlich gespenstisch leuchteten bis zum Tagesgrauen die roten St. Elmsfeuer brennenden Steppengrases über die Fläche. Im Winter aber verwandelte Schnee und Regen der Taurusberge den hitzezerrissenen Boden in Flußbetten und Seen und Moräste, die jedem Transport den Weg zu sperren drohten, und die Kraftwagen bis an die Achsen versenkten im Schlamm nicht endender Niederschläge. Es schien, als sträube sich diese Gegend in ihrem innersten Herzen unmittelbar in noch biblisch-nomadischer Lebensweise technische Schöpfung und Unrast des 20. Jahrhunderts aufzunehmen. Und wie die Natur sich zu empören schien gegen die Fluchstiftung des Weltkampfes, so empörten sich Stämme und Ortschaften in wirrem Durcheinander. Entsetzen packte die deutschen Soldaten beim Anblick einer Armeniersiedelung, in die wenige Tage vorher kurdische „Aschiret" eingebrochen waren. Straßen und Gärten und die Brunnen bis zum Rand gefüllt mit Leichen und verstümmelten Körpern. Das Kirchlein geschwärzt, kugeldurchlöchert und vom Feuer geborsten. Als einzig Lebende auf so greuelvollem Platz die türkische Gendarmerie- und Etappenstation, die allen Fragen gegenüber nur die Achseln zuckte, oder ein klägliches Häuflein Überlebender, Kinder und Frauen, das vielleicht eine letzte Mitleidsregung der kleinen Türkenschar den kurdischen Plünderern und Mördern noch entreißen ließ.

Hier waren Armenier, Kurden und Türken in grauenvolle Szenen verflochten. An anderer Stelle wieder, in den wasserlosen Durststrecken, erweckten arabische Horden Staunen und Grimm, die von englischem Gold beeinflußt, die deutsch-türkischen Militärtransporte zu gefährden und zu berauben trachteten. Gegen Ende des Krieges, als die Schale der Zentralmächte sich zu senken begann, sind hier ernste Kämpfe unmittelbar im Gebiet der projektierten

Bagdad-Trace, dem Rückgrat der Verbindung, geliefert worden, ein für unsere westliche Vorstellungen schwer begreifliches Bild einer Etappenstraße im eigenen Lande. Ein anderes Mal schuf die in äußerster Not unerwartet sich aufmachende Wehrhaftigkeit der Armenier strategische Gefahren. In Urfa bildete sich ein Herd des Widerstandes gegen die befohlene zwangsweise Evakuation, der der türkischen Armeeführung Zorn und Vergeltungsgrimm, deutschen Generalstäblern Schmerz und dienstliche Sorge einflößten. Deutsche Geschütze und deutsche Führung haben dazu dienen müssen das blühende Urfa, die liebliche Gärten- und Terrassenstadt am Berge in Trümmer zu legen, Trümmer, denen eine Orgie des Blutes und der Plünderung gefolgt ist. Soweit hatte die politische Spekulation der hoffenden Mächte armenische Aufstandslust und türkische Rachegefühle gegeneinander gespannt. Oben in Musch und Wan hatte der Krieg eingesetzt mit russischem Einmarsch, mit russisch-armenischer sofort anschließender Vergewaltigung des Türkentums. Nun flammte Sorge und Haß empor. Man wähnte Bestechung, Geheimbündelei und armenischer Freiheits- und Größenwahn, den die letzten neunzig Jahre zielbewußt emporgezüchtet hatten, möchte dem Fluß der einstigen armenischen Kaufmannsexpansion folgend, das ganze Land der armenisch durchsetzten Siedlungen über Ersindschan, Charput, Malatia, Marasch bis an die Bucht von Alexandrette hinunter in den Brand des Aufstandes hüllen. Die Söldlinge Rußlands, die Gläubigen Englands möchten schließlich britischen Besatzungskorps die Hand reichen, die dort oder am Gestade von Mersina an Land stiegen. Damit war, — nicht fremd alter Bagdadbahngedanken[1]) — das an

---

[1]) Vergl. Kapitel I, S. 31.

allen Fronten kämpfende türkische Reich mitten durchgeschnitten, sein Zusammenbruch entschieden.

Die führenden Männer der sich erneuernden Türkei haben richtig empfunden, als sie in ihrem Nationalpakt von 1919, dem Rütlibekenntnis der Entschlossenen, auf die syrischen, wie alle anderen arabischen, Provinzen verzichteten. So konnten sie im türkisch-französischen Abkommen von Angora vom Oktober 1921 wie im Lausanner Vertrag vom August 1923 diese Abtrennung unterzeichnen, ohne dem nationalen Grundbekenntnis zu nahe zu treten. Ein wenig mehr Macht wäre trotzdem den Angoraer Unterhändlern noch zu wünschen gewesen, dann wäre die Grenzlösung vielleicht so geworden, daß sie der türkischen Sprachgrenze entsprach, daß sie wirtschaftlich vernünftig wurde und eine politische Herausforderung vermied. Die jetzige „Lösung", die die südliche Schiene der Bagdadbahn zur Grenze macht, die den Bahnzipfel von Aleppo mit der Stadt zugleich aus der anatolisch-mesopotamischen Verbindung wegschneidet, ist eine Regelung, die das Zeichen der Vergänglichkeit an der Stirne trägt.

Im syrischen Grenzgebiet von Antakia (Antiochia), Iskenderun (Alexandrette) haben die vermittelnden Bestimmungen, die das Türkische als zweite Amtssprache (neben dem Arabischen) gestatten und eine formale Selbstverwaltung einführen, eine gewisse Entspannung gezeitigt, nachdem Frankreich im Austausch gegen Wirtschaftsvorteile sich Ende 1924 entschlossen hat, diese Lausanner- und Angora-Bestimmungen endlich auch in die Tat umzusetzen. Der Bahnbetrieb vom Adanatal bis zur derzeitigen Gleisspitze in Nisibin und Mardin wird von französisch-türkischer Gesellschaft durchgeführt.

Der Neubau einer Stichbahn nach Diarbekr und darüber hinaus nach den bedeutendsten türkischen Kupfergruben von Arghana Maden wird hingegen von der Regierung in Gemeinschaft mit einem türkisch-deutschen Konsortium ausgeführt. Es möchte mitunter so scheinen, als solle hier eine langsame ruhige Wirtschaftsentwicklung einsetzen, die die politischen Bedenken zurückschiebt, sich an den äußerlich guten türkisch-französischen Beziehungen genügen läßt, die die letzten Spannungen der Bevölkerungsunterschiede kluger staatlicher Fürsorge ausgleicht, und mit Muhadschirs die schlimmsten Bevölkerungslücken auszufüllen beginnt.

Unheilverkündender sieht im Osten die Grenzfrage aus. Der Lausanner Vertrag fand seine Unterschriften nur, indem man dieses Problem zurückstellte, die Grenze offen ließ und die Entscheidung dem Völkerbunde zuschob. Auch dieser ist nur eine Kulisse, die einen Austrag mit anderen Mitteln nicht unbedingt wird zurückhalten können. Die Wolke eines vielleicht unvermeidlichen Kampfes — welcher Gestalt er auch durchgefochten werde — wirft ihren Schatten bedrückend voraus. Die Türkei weiß, daß die Bedeutung des Weltpetroleumkampfes, der englische Weltmacht in Konkurrenz mit allen anderen imperialistischen Mächten stellt, jedwede Rechtsgründe beiseite schiebt. Darum steht sie so entschlossen auf ihrer Forderung auch ein Stück aus der mesopotamischen Petroleumzone zu besitzen, es auszubeuten oder seine Ausbeutung zu vergeben. Ihre Geländeforderung erstreckt sich den Tigris hinunter bis an den großen Sab und von da westlich hinüber zum dürren Felsenkamm des Dschebel Sindschar. Die englische Tendenz sucht Mossul und seinen strategischen Schutz sich zu sichern durch eine Forderung, die ohne jede natürliche Rechtsunterlage das ganze mächtige schneegekrönte Agrosbergland des Wilajet Hakiari beansprucht.

Während Angora sich seit Niederlegen der Waffen bemühte, zwischen Aleppo und Mossul die Wunden zu heilen, die das Land durch Bevölkerungsumstellung empfing, und durch jene blutigen Kämpfe der Jahreswende 1919/20, die schwere französische Schlappen bedeuteten, wühlte England in dieser Zeit mit allen Mitteln der Diplomatie wie der Völkerverhetzung für eine Gewinnung der Ölzone. Im Februar 1925 flammte dann der lang vorbereitete Kurdenaufstand empor, dessen Fäden vom Irak — und auch von Syrien — gelenkt wurden, wenn er auch westlich des eigentlichen strittigen Gebietes und mit Front gegen Zentralanatolien sich entlud...... zum Verderben der Kurden. Vor den Kurden waren es erst Araber gewesen, die eingesetzt wurden und dann die christlichen Nestorianer, die während des Krieges vom Mossulgebiet nach Persien ausgewandert waren, und nun als Söldlinge des englischen Petroleuminteresses zurückgeführt und gegen die Bevölkerung der türkischen Ortschaften um Mossul gehetzt wurden. Schlimmer als in Weltkriegszeiten sind hier die Wogen gegensätzlichen Volkstums gegeneinander getrieben worden.

Gerechtigkeit oder Blendung des Völkerbundes und türkischer nationaler Wille werden im Spiel für oder gegen Englands Petroleumgier das politische Geschick des Mossulgebietes und seiner türkischen Nachbarzonen gestalten.

Wer vom Schein sich blenden läßt im mesopotamischen Land, dem gefällt wohl der äußere Wandel, den die Mandatführung der Ententemächte in Syrien und Arabien hervorrief, der freut sich der Flugzeuge, die auf den großen Etappenstraßen neben den Kraftwagen die Verbindung halten, und freut sich auch der Lederbrille, die stolzbärtige Beduinen vor ihre Augen schnallen, ehe sie des Amerikaners Ford ratterndes Fahrzeug besteigen. Wer tiefer schaut, den kränkt der Kulturmangel, der dem auf Macht und Krieg eingestellten technischen Fortschreiten anhaftet, und heißt ihn warten auf die neuen Entwicklungen, die aus Asiens uraltem Kulturboden aufsteigen sollen unter der eigenen Führung, die die Angoratürkei auf ihre Fahnen geschrieben hat, und der immer mehr Völker gewärtig werden.

KAPITEL III

ORANGEN UND FISCHE

So wie das hinteranatolische zentrale Hochplateau gegen Süden durch den Wall des Tauruszuges abgeriegelt wird, an dessen Fuß sich dann die mesopotamische Ebene breitet, so schließt im Norden der massige Zug der Ostpontischen Bergketten dieses Höhenland gegen die Senke des Schwarzen Meeres ab. Während aber die Südflanke des Taurus niederschlagsarm und nahezu waldlos ist, schaffen auf den Nordhängen des Ostpontuszuges die Regenwolken die über das Schwarze Meer herübersegeln die üppigste Landschaft der ganzen Türkei. Den gewaltigen Jahres-Niederschlagsmengen von über 800 mm verdankt die Zone einen subtropischen Landschaftscharakter und eine rauschende Vegetationsfülle. Schon in frühen Zeiten entstand hier ein Handel mit Obst aller Art, mit Wall- und Haselnüssen, mit Orangen und Trauben, der seefahrende Völker an seine Küste zog. So haben die Griechen der Antike bereits um den geschützten Hafen Trabeson (Trapezunt) herum sich eine bleibende Stätte geschaffen, die noch Jahrhunderte nach ihrer Glanzzeit, eben zu Ende des Weltkrieges, die politische Aspiration eines selbständigen Pontusstaates auslöste.

Die Berge der kraftgeschwellten Kette rechts und links von Rise, die sich zwischen die Küste und den parallel gerichteten Lauf des brausenden Tschoruk-Flusses einschiebt, steigen mehrmals bis gegen 4000 m empor und versperren so allen Regenwolken den Flug.

Zwischen ragenden Schneehörnern und der dunkel brausenden Flut des Pontus sprießt daher, wuchert und blüht hier die Laubwildnis der Oberitalienischen Seen in verwirrender Üppigkeit mit mächtig ragenden Hochstämmen, immergrünen Laubflächen, und einem engverschlungenen Netz von Epheu und Lianen, Reben, Rhododendren und Winden, die den Wald bis zur Undurchdringlichkeit verdichten.

In gewundenen Schluchten rauschen ungezählte Wasserläufe an den Steilhängen hernieder und teilen den Küstensaum in ebensoviele grün strotzende flutumrauschte Kulissen. Die breiteren Flußbetten sind sämtlich fruchtbarste Ackerbau- und Siedlungszonen. Korn, Mais, Reis, Steinobst, Orangen und Oliven gedeihen und liefern dem bedeutenden Export Trabesons den Nachschub. Oberhalb der obsttragenden Küstenregion beginnt das Revier prächtiger Laub- und Föhrenwaldungen, die hoch hinauf an den Bergen emporklimmen.

Im Gebiet westlich Trabeson zwischen dem Lauf des Jeschil Irmak[1]) und der See hat die Landschaft einen sanfteren Charakter. „Dschanik", das Gartenland, so heißt dieses Gebiet, in dem Kulturpark und Weidelandschaft sich ablösen. Im Osten dagegen im jähen Berglande Lasistan herrscht die volle Romantik einer wilden Burgen- und Bergwaldszenerie. Eine „Heldenballade" nennt Banse in seinem trefflichen Geographiewerk dieses Land, durch deren Verse das Bersten der Gletscher, das Rauschen der Föhren und ein Klirren von Erz schreitet. Mehr als einen begeisterten deutschen Schilderer hat diese Zone gefunden, die ganz danach angetan ist, mit der Wucht der Naturwunder und mit dem Hauch der dort gestalteten Geschichte

---

[1]) Der „Grüne Strom".

ein germanisches Herz zu entzücken. Im Rahmen von Lorbeer- und Orangenbäumen, von immergrünen Eichen, schattenden Kastanien, Buchen und Erlen liegen die Küstenstädte. Auf dem Grund der söllergezierten Holz- und Fachwerkhäuser der roten Satteldächer tauchen die Moscheen empor, umgeben von weißen Minarehs und schwarzen Cypressen, und neben ihnen erheben sich mächtige Mauern ziegelgebänderten Quaderwerkes, einstige byzantinische oder genuesische Paläste, und hoch oben in den Klippen schier unzugänglicher Berghänge wachen noch heute einzelne Kastelle und Burgen aus dunklen Fensterhöhlen über dem Kommen und Gehen der Schiffe auf der Handelsstraße des Meeres. Neben früheren Reisenden, unter denen Fallmerayer genannt sei, schlägt auch Eduard Naumann in seiner unerreichten Reiseschilderung: „Vom Goldenen Horn zu den Quellen des Euphrat" beim Anblick Trapezunts die Saiten des romantischen Sängers an.

Noch mehr vielleicht als an den vielen in ihrer Vegetation dürftigeren Zonen Anatoliens drängt sich in solchen naturgesegneten Gefilden die Frage auf die Lippen: „Warum sprechen Glanz und Völkerglück hier nur aus Ruinen zu uns? Warum hat die Neuzeit mit ihren unendlich gesteigerten Möglichkeiten den Obstreichtum der Gegend, die hölzernen Schätze der Wälder und die metallischen Reichtümer, die die pontischen Berge in ihren Gründen hegen, noch nicht zu den Mittelpunkten neuer Betätigung, neuen anders gearteten wirtschaftlichen Aufstieges gemacht? Warum zeichnet sich scheinbar unaufhaltsam ein Verfall des Handels ab für jenen Hafen, der einst einen Weltruf genoß, und in dem tausend und tausende von Kamelen das Jahr über die Waren von Indien und Persien, auf dem berühmten

Paßweg über Erserum, an die Schiffe brachten?" Für das Auf und Nieder lang versunkener Zeiten geben die Ereignisse der großen Völkerbewegung und der sich ablösenden Reiche der Hetiter, Meder, Perser, Römer, Byzantiner, Seldschucken, Mongolen und Türken die Antwort. Für die letzten hundert Jahre aber, die ja hauptsächlich den Leser dieses Buches interessieren sollen, ist es neben dem Wirtschaftsumschwung durch Öffnung des Suez-Kanales wiederum der russisch-türkische Gegensatz gewesen, der Handel und Wandel beschattete. Schließlich sind in jener Periode, die mit dem Niedergang Rußlands im Weltkrieg begann, in Ablösung zaristischer Aspirationen auch noch Ententehoffnungen aufgeschossen für dieses Gebiet. In den Nachkömmlingen des erst vom Osmanensultan Mehmed II. vernichteten Pontus-Königreiches, den seefahrenden und handeltreibenden Griechen des Trapezuntgebietes sah man einen Ansatzpunkt für eine weitere Zerstückelung der niedergebrochenen Türkei. Jetzt hat auch hier der Sieg Mustafa Kemals die Wirkung opferschwerer Reinigung und Befreiung gehabt. Die Griechen Trabesons sind in Erfüllung des Lausanner Vertrages gegen mazedonische Türken ausgetauscht worden, und nun gilt es für das türkische Element auch hier die entstandene Lücke des Wirtschaftslebens zu schließen. Auch hier wird es sich zeigen müssen, ob der Verlust an betriebsamem Volkstum wett gemacht wird durch die Klärung der politisch-wirtschaftlichen Gesamtlage des Landes. Jedenfalls war es eine großzügige türkische Erkenntnis, die in dem tapferen Kraftstoß des Herbstes 1919 außer den rückwärtigen Kaukasusgebieten von Kars und Ardahan auch den so erfolgreichen neueren Konkurrenzhafen Trabesons—Batum zum türkischen Lasistan hinzuzog. Im Vertrag von Moskau vom März 1921 hat Mustafa Kemal Pascha diesen Gewinn jedoch nicht aufrecht zu erhalten vermocht. Zu dringend bedurften seine Heere, die im Westen und Süden gegen die Entente-Verbündeten rangen, stärkenden russischen Wohlwollens, und so tauschte man diesen Gewinn wieder ein. Nun ist es an den türkischen Handelskammern von Trabeson und Kerasun, an den Behörden von Rise und der mächtigen Siedlung Baiburt im Tschoruk-Tal, im Sinne der Angoraer ministeriellen Fürsorge die türkische Bevölkerung in dem Eifer und der Arbeitsfreude zu erhalten, die ihnen die Zurückdrängung des russischen Gespenstes und die Befreiung von der europa-gestützten griechischen Konkurrenz erweckt hat. Die Erlösung vom wirtschaftlichen Fremddruck und die Zerreißung gewisser lähmender Geistesbindungen der islamischen Tradition, beide gemeinsam begründen ja die hochgespannten Hoffnungen in Mustafa Kemal Paschas nationalem Wirtschaftsprogramm.

Wie sehr man gerade diesem paradiesischen Revier Erwartungen entgegenbringt, zeigen seine Bereisungen durch Minister und parlamentarische Kommissionen und der Besuch des Präsidenten selbst, den er zu Beginn des Jahres 1925 dem Pontusgebiet und seinem Hinterlande abstattete. Damals galt es, zugleich Opfer des schweren Erdbebens zu trösten, das um die Jahreswende gerade dies Hinterland heimgesucht hat, und Richtlinien aufzustellen für den gesamten „Wiederaufbau" des Gebietes in großer Perspektive. Die nächste Bahnlinie, deren Vorstudien bereits abgeschlossen sind, wird Trabeson über die ragenden Hochpässe hinüber mit Erserum und mit Kars verbinden. Mit den Bahnen: Angora—Siwas—Ersindschan—Erserum, der Bahnverbindung Samsun—Siwas und den Küstenbahnen bei Samsun, die sämtlich im Bau sind, geht das Pontusland einer neuen Entwicklung entgegen nach Jahrhunderten des Abbaus.

Der türkische Wirtschaftswille offenbart sich vor allem auch in der Hebung der nationalen Schiffahrt. Die Küstenschiffahrt ist im Lausanner Vertrag von fremder Konkurrenz befreit und der türkischen Regierung vorbehalten worden. Die staatlich unterstützte Gesellschaft „Seiri Sefain" hat seitdem eine vorzügliche Entwicklung genommen. Seefahrer sind ja die Türken sehr bald geworden nach ihrer Berührung mit dem Meer. Vielleicht haben sie griechische hydriotische Tüchtigkeit nicht voll erreicht, aber daran ist wohl weniger fehlende Schiffahrtsfreude und Anlage Schuld, als die neuzeitliche Technisierung auch dieses Gebietes, der aus der tieferen Ursache, der religiösen Befangenheit des Gesamtvolkes, auch die Schifferkaste ablehnend gegenüber stand. In der Kriegsmarine war vollends die englische Reformermission bemüht, die nautischen Kenntnisse ihrer Schüler nicht so zu entwickeln, daß die türkischen Einheiten, die man ganz gerne auf englischen Werften erbauen ließ, einmal eine wirksame Stärkung der Dardanellen-Verteidigung oder des kleinasiatischen Küstenschutzes hätte bedeuten können. Trotzdem haben die kühnen Kreuzerfahrten, mit denen der Kapitän Rauf Bey im Balkankrieg den Griechen Abbruch tat, die Achtung der Welt erregt, und beispielsweise hat auch in der Verteidigung des Zweistromlandes sich ein mit deutscher Hilfe improvisiertes türkisch bemanntes bescheidenstes Kampfboot auf dem Tigris unterhalb Bagdad wochenlang erfolgreich gegen mehrere englische Monitore gehalten. Auch bei der Kohlenversorgung von Flotte und Industriebetrieben in Konstantinopel während des Weltkrieges haben türkische Seeleute hervorragendes geleistet. Dem Hafen Erigli (Heraklea) und den Kohlenflözen an der Küste östlich davon fehlte jede Verbindung nach rückwärts. Und so blieb es trotz der russischen Küstenwacht beim altherkömmlichen Wassertransport, der mit den schweren seegehenden Holzkähnen, den sogenannten Mahonen ausgeführt ward. Es waren Schmuggelfahrten kleiner Gruppen, die sich unter dem Schutze von Nacht und Nebel den patroullierenden Schiffen der Russen zu entziehen suchten. Manchmal kam die ganze Mahonengruppe glücklich in Konstantinopel an, manchmal auch nur einzelne Boote, und von den ganz versenkten Transporten erfuhren wohl nur die Behörde und die Angehörigen der Schiffer, denen die Nachricht vielleicht nach Monaten zuging. Es war ein schlimmes Notverfahren, das in dem Mangel an Straßen und Eisenbahnen seinen Grund hatte; der Kaltblütigkeit der Seeleute allerdings, die zum großen Teil aus Lasistan stammten, stellt es ein hervorragendes Zeugnis aus.

Wenn einmal die Kohlenverteilung in Anatolien sich regelt, die bis jetzt ganz im Argen lag, dann werden unter den vielen verlassenen Bergwerken im Lande auch die ostpontischen Kupfer-, Blei- und Magnesitgruben wieder praktische Bedeutung gewinnen, deren Betrieb selbst im waldreichen Lasistan der örtlichen Abholzung zum Opfer gefallen ist. Die Verhüttung, die — wieder auf Grund des fehlenden Straßennetzes — an Ort und Stelle vorgenommen wurde, bediente sich ausschließlich des Holzes, das man unmittelbar neben den Bergwerken schlug. Wenn die ständig wachsenden Lücken nun eine gewisse Größe erreicht hatten, so hielten sich der Gewinn aus dem Erz und die Produktionskosten dank der teuren Holzanfuhr die Wage, und die Betriebe kamen langsam zum Stillstehen. Was in dieser

Perspektive die jetzige türkische Selbständigkeit im Wirtschaftsprogramm bedeutet, liegt auf der Hand. Der alle Kräfte überspannende soldatische Abwehrkampf, den in ständigen Kriegen und Aufständen der alte osmanische Nationalitätenstaat um sein Prestige und seinen Zusammenhalt führen mußte, entzog Anatolien unersetzliches Mannesblut, das auf fremdem, untürkischem Boden verströmte, während es der Wirtschaft Anatoliens stark an schaffenden Mannesarmen gebrach. Die Friedensarbeit, wirtschaftliche Landeshebung unterblieb; nur für einzelne Unternehmungen wurde der Weg gefunden, und zwar da, wo europäische Gesellschaften — oftmals im Austausch gegen Anleihen — Konzessionen für Bahnen, Häfen und andere Unternehmungen erwarben. Gleichzeitig fielen den Konzessionären dann vom Staate zu gewährende Rentabilitäts-Garantien und andere Gerechtsame zu, die einer Entnationalisierung der betreffenden Gebiete und einer vizeköniglichen fremden Betriebsbeherrschung gleich kamen. Nimmt man dazu die Tatsache, daß alle europäischen Unternehmungen sich zu vielleicht 80% der fremdrassigen Arbeitskräfte bedienten, und daß vom Gewinn dank der Kapitulationen keine wesentlichen Steuern abgeführt wurden, dann erkennt man, warum solche Unternehmungen von den national besorgten Türken niemals mit ungetrübter Zustimmung betrachtet worden sind, und warum die Chronik jeder solcher Unternehmung durchsetzt ist mit Auswirkungen des Mißtrauens und der Abneigung von türkischer Seite. Die heutigen Türken bleiben allem Spott gegenüber kühl, den das verwöhnte Auge landesunkundiger Laien wie Ingenieure sich aus der Betrachtung der ernsten aber bescheidenen technischen Selbständigkeitsanfänge des jungen Nationalstaates zu pflücken weiß. Pläne vom riesigen Ausmaß einer Chesterkonzession, die von hier, von der Pontusküste aus mossulwärts, mittelmeerwärts und persienwärts ihre Linien ziehen wollte, konnten das nationale Türkentum nicht begeistern. Nur das Notwendige im Rahmen des wahren Volksbedürfnisses soll geschaffen werden. „Bescheiden, aber unser" das ist die Devise, die über der neutürkischen Wirtschaft und Technik steht.

Noch sind aus dem Ostpontusgebiet und aus Lasistan nicht alle politischen Schatten weggewischt; auch das verbündete Sowjetrußland bleibt eine Gefahr. Die türkische politische Fürsorge und Voraussicht weiß klug zu scheiden zwischen der russischen Nation und der internationalen Wühlarbeit gewisser Moskauer Zentralen. Als im Anschluß an das beiderseits sehr begrüßte Moskauer Bündnis vom März 1921 etwa vierzig bolschewistische Agitatoren über die Grenze nach Lasistan hereinglitten, erkannte das Land gar rasch, daß hier nichts Gutes im Anzuge sei, und die Sendlinge aus dem Norden fanden einen unerwarteten Tod in den Wellen, ein Beispiel, das noch bessere Abwehr bedeutete als die allgemeine politische Grenzwache, die notgedrungen die türkische Republik, wie vorher derSultansstaat gegen alle einer Agitation verdächtigen Fremden aufrecht erhält. Gar zu trübe sind auch die Erfahrungen, die noch im wahrlich begeistert geführten Befreiungskriege (1920—22) das Türkenvolk gemacht hat, mit der Erhebung der aufgehetzten Tscherkessen in ganz Anatolien. Neben den Lasen gehören auch die Tscherkessen zu jener Flut buntgewürfelter Stämme, die als schwer zu entwirrender Völkerknoten in Kaukasien und am nördlichen Rand des Schwarzen Meeres angesiedelt sind. Eine Völkerwelle, die von Muhammedanerverfolgungen der russischen Kirche verursacht war, warf um das Jahr 1860 über eine halbe Million Tscherkessen an die Gestade der nördlichen Türkei. Das Los dieser, dem Lande an sich so zuträglichen Menschenflut ist traurig gewesen. Zehntausendweise sind sie damals in den Küstenorten dem Hunger und dem Winterklima erlegen. Später haben ihre Volksreste sich über ganz Kleinasien verteilt, und die Regierung hat sich sehr bestrebt, ihnen angemessene Ansiedlung zu ermöglichen. Bis hinunter nach Mesopotamien traf man vorm Kriege ihre Siedlungen, aber ungewohntes Klima, Widerstand der eingesessenen Bevölkerung und die Geschiedenheit nach Stämmen, die auch das gemeinsame Muhadschirlos nicht ganz verwischte, schufen viele Schwierigkeiten und dezimierten ihre Zahl. So hoch der Schönheitsruf der Zirkassierinnen gewesen ist, die als Geschenke kaukasischer Fürsten an den Sultanshof nach Konstantinopel oder in die Harems einzelner Großen kamen, so wenig haben sich die tscherkessischen Siedler in Anatolien der Beliebtheit erfreut. Schon äußerlich erregten sie Aufsehen in ihrer kleidsamen und anspruchsvollen Tracht, zu der nach Kosakenart der lange, hochgeschlossene Waffenrock gehört, der mit silbernem Gürtel, silberbeschlagenen Patronentaschen und Dolchmesser in silberbeschlagener Scheide getragen wird. Fremdartig und widerspruchsvoll wirkte solche Tracht im Zusammenklang mit den veränderten Daseinsbedingungen, die die bäuerliche Lebensweise dem geborenen Reitervolke auferlegte. Tscherkessen galten im allgemeinen als diebstahls- und räubereiverdächtig. Ihr schlechtester Streich ist es jedenfalls aber gewesen, als sie in dem Hexenkessel anatolischer Kämpfe der türkischen Befreiungszeit von englischen Agenten zur Bildung bewaffneter Banden sich veranlassen ließen und gegen Mustafa Kemal Pascha zu Felde zogen. Die Niederlage ihrer Desperado-Scharen hat dann nahezu zur Aufreibung des ganzen Tscherkessentums in Anatolien geführt.

Die Lasen sind anderer Art, weniger beweglich, weniger heißblütig. Schwer und bäurisch, wenn auch wild ist der Eindruck, den man zuerst von ihnen empfängt. Zwar waren sie seither nicht besonders geachtet, ob manchen primitiven Zuges, aber sie sind der türkischen Regierung zu allen Zeiten treu geblieben und fühlen sich wohl im türkischen Staatsverband. Vielleicht sind nicht ganz ohne Einfluß gewisse Besonderheiten, die man ihnen z. B. auch im Heeresdienst gelassen hat. Ihre einfarbige Kleidung in braunem oder grauem Tuch wirkt an sich schon uniformartig, und die Tracht des um den Kopf geknoteten gleichfarbigen Baschlyks gibt ihnen zugleich ein malerisches Aussehen, das bei nationalen Festen in den Garnisonen, wo die lasischen Soldaten ihre Nationaltänze aufzuführen pflegen, zur Freude Anlaß bietet. Auch in ihren heutigen Scharen lebt wohl noch ein Rest der alten Seefahrer- und Räuberromantik, die im Orangen hegenden, Erze führenden, Burgen tragenden Alpenlande Lasistan so recht ihre Heimstatt hatte. War doch Früchtebrechen, Fische fangen und bewaffnet die See befahren auskömmliche Lebensaussicht, die die Verschwendung der Heimatnatur und die Stammesart jedem jungen Lasen schon in die Wiege mitgab.

KAPITEL IV

IM ARM DES GRÜNEN UND DES ROTEN STROMES

Ein gewaltiger Strom durchzieht in seltsam gekurvtem Fluß ein Mittelstück Anatolischen Landes. Wie ein riesiger Arm, legt sich der Kisil Irmak — der Rote Strom — um das wellige Tafelland im Nordosten des großen zentral-anatolischen Salzsees und um die Bergzüge, die in fünf bis sechs erkennbaren Falten die ostpontischen Ketten mittelmeerwärts fortsetzen. Die südlichen dieser Ketten klingen annähernd aus am Rande der großen Flußschlinge; das jenseits des Wassers folgende große Salzsee-Gebiet, die Lykaonische Steppe der Alten, ist nahezu flach mit Ausnahme der vulkanischen Kegel, die durch die diluviale Scholle hindurchgestoßen sind. Die nördlichen Ketten indessen setzen sich, der Schwarzen Meer-Küste gleichlaufend, nach Westen fort um erst im Gebiete des Marmara-Meeres abzuflauen. Augenfällig spricht sich die über 1000 Kilometer lange ringartige Schleife des Roten Stromes auf allen Landkarten aus, und wenn man nun das Flußsystem zum Bild hinzunimmt, das dieses Binnengebiet vom östlichen Pontusland scheidet, den Jeschil Irmak[1] mit seinem großen Nebenfluß, dem Keltik Irmak, dann erhält man ein etwa 140000 qkm großes Land, das im Rahmen der beiden Stromsysteme wie in sanfter Umarmung gebettet liegt.

„Κροισος ʽΑλυν διαβας μεγαλην ἀρχην καταλυσει“ „Kroisos Halyn diabas, megalen archen katalysei": Wenn Krösus den Halys überschreitet, vernichtet er ein mächtiges Reich!"), so

[1]) Grüner Strom.

lautete der berühmt gewordene Spruch des delphischen Orakels, der den Kisil Irmak, den Halys des Altertums, auch als politische Scheide zweier Machtgebiete bezeichnet. Im Herzen der Kisil Irmak-Zone, etwas nordwestlich der betriebsamen Stadt Josgad liegt die glanzvolle Ruinenstätte des heutigen Boghaskiöi, das Pteria des hetitischen Urreiches, dessen Ursprung wie Untergang noch in geheimnisvolle Nebel gehüllt sind. Vielleicht spricht sich im spurlosen Verschwinden des so mächtigen Hetiterreiches der Sinn des Halyslandes aus, das zwischen dem Steppengebiet in seinem Südwesten der großen Abdachung ganz Kleinasiens nach dem Ägäischen Meer und dem ragenden Hochkettengebiet in seinem Osten eine Art Übergangsland darstellt. Mächte im Westen in ihrem Widerstreit gegen die Völkerstöße, die vom fernen Osten her, um das Kaspische Meer herumfassend, nach Anatolien hineinströmten, bestimmten das politische Auf und Nieder dieses fruchtbaren Faltenlandes. Splitter jener Völkerbewegungen sind auch hier übrig geblieben und die ethnographische Karte des Gebietes ist bunt, wenn auch nicht in dem Maße wie die der Gegenden, die dem Druck der kaukasischen und kaspischen Völkerwildnis näher gelagert sind. Armenier, Tscherkessen, Griechen, Turkmenen, Lasen belebten auch hier das türkische Volksbild bis in die Ära des Welt- und Befreiungskrieges, deren Ausgang mit Aufreibung der drei ersten Fremdvölker eine neue Türkisierung Anatoliens bedeutet hat. Eigenartig ist vielleicht, daß die letzten Ausstrahlungen einer Selbständigkeit des Kisil Irmak-Landes sich zeigten in der fürstlichen Herrschaft eines Turkmenenstammes, der noch vor anderthalb Jahrhunderten in seiner stattlichen Residenz Josgad dem Sultan am Goldenen Horn Trotz gebieten konnte. Eben seßhaft gewordene Nomaden hielten damals die weiten, halmetragenden Gaue, die obstreichen Hochebenen und die dichtbebauten, in seltener Üppigkeit strahlenden Talgaue im Blühen. Ihr letzter Fürst soll ein Einkommen von $4^1/_2$ Millionen engl. Pfunden bezogen haben, ein Symbol für den Reichtum des Bodens und für die Aussichten, die er intensiverem und modernerem Wirtschaftsbetrieb zu bieten hat. Eine Kornkammer im wahrsten Sinne wird dann das Land darstellen, das seither neben dem Mais- und Gerstebau hauptsächlich Obstexportland und Land der Viehwirtschaft war.

Abseits einzelner wissenschaftlicher Forschungen und abseits der überall feldsuchenden internationalen Missionars-Tätigkeit, ist das Kisil-Irmak-Gebiet von den Pionieren Europas wenig beachtet worden. Die Bahnlinie fehlte, deren langsam sich vorstreckende Trace in einseitiger Weise der Weg geworden war, auf dem Hoffnungen und Erwartungen, Arbeitspläne und Projekte von Konstantinopel und Smyrna aus sich landeinwärts bewegten..... das Kisil-Irmak-Land, das hochthronende Josgad in seinem Zentrum und das betriebsame traditionsreiche Siwas am oberen Flußlauf gelegen, die gegebenen Punkte für eine anatolische Überlandbahn, blieben ohne deren Wohltaten. Der Kampf Ost—West war seit Peters des Großen Zeiten bereichert um den dräuenden nördlichen Faktor. Angora, noch 70 km westlich der äußer- sten Flußschleife gelegen, blieb der Punkt, der gegen alle wirtschaftliche Vernunft und in schreiendem Hohn über die Scheinsouveränität der geschwächten Osmanen-Sultane den Bahnbau Nord- und Mittelanatoliens nach Osten begrenzte.

Das Zerbrechen dieser brutalen diplomatischen Fesselung das Mustafa Kemal Pascha heraufführte, hat sich u. a. ausgesprochen schon in dem Gründungskongreß der Nationalbewegung, den der Juli 1919 in Erserum zusammeneilen sah. Ihm ist gefolgt im September des gleichen Jahres der erweiterte Kongreß von Siwas, dem dann später als endgültiges Regierungsinstitut die Große Nationalversammlung in Angora gefolgt ist. Sofort, vielleicht als erster bedeutsamer Wirtschaftsschritt der jungen Regierung wurde der Bahnbau Angora—Siwas mit Energie wieder aufgegriffen, der Ende des Jahres 1926 beide Städte verbunden haben wird. Gleichzeitig aber wird eine andere Bahntrace die bedeutsamste Küstenstadt der anatolischen Nordküste, Samsun mit Siwas vereinigt haben. Ferner wird über Kaisari, das weiter stromunterhalb zwischen den eilenden Wassern und dem Saum des majestätischen Erdschjas Dagh gebettet liegt und über Akserai mitten hindurch durch das Steppengebiet des Salzsees, die Verbindung mit der südlichen Längsbahn in Konia erreicht werden. Schließlich arbeitet sich auch von Erserum bereits ein schmaler Schienenstrang nach Westen und in einigen Jahren wird vermutlich in Ersindschan der Zusammenschluß der Anatolischen Gebiete durch ein logisches Bahnnetz besiegelt werden.

Die Unterlassungssünde, die nur zum Teil durch Schuld der Pforte gerade am pulsierenden Leben der breiten Übergangsgebiete Mittel-Anatoliens vollzogen wurde, tritt jedem entgegen, der diese Zonen kennt und der überdenkt, was hier seit langem geschaffen worden wäre, wenn politische Drohung der einen Seite, wirtschaftliche Vergewaltigungstendenz anderer Seiten der türkischen Regierung die Möglichkeit nationaler Eisenbahnpolitik nicht völlig verbaut hätten. Mit Ausnahme der Anatolischen- und Bagdadbahn in ihrer ursprünglichen Linienführung, ist keine Schienenanlage in Anatolien geschaffen worden, die völlig frei gewesen wäre von politischer Spekulation. Wohl gab es objektive Europäer, die, wie von der Goltz Pascha die Türkei freundschaftlich immer wieder auf eine selbständige Hebung ihres anatolischen Heimatlandes hinwiesen, aber aus vielen Gründen blieb es bei solchen Ratschlägen. Die Bahnen wurden seitens fremder Gesellschaften von der Küste radial ins Land hineingelegt und nicht miteinander oder mit dem tieferen Hinterland verbunden. Sie blieben in erster Linie dazu bestimmt, dasjenige Hinterland zu beleben und zu stärken, das man in eine geträumte Küstenaufteilung und Annexion mit hereinziehen wollte. Wie unzählich oft, ist in Unkenntnis der Lage auch von Türkeifreunden das Mangeln von Bahnlinien kritisch verurteilt und der türkischen Untätigkeit zur Last gelegt worden. Ahnte doch die Allgemeinheit nichts von dem ungeschriebenen Satz der über allen Bahn- und Hafenplänen des niedergehenden Staatswesens stand: Kein Bahnprojekt ohne die diplomatische Genehmigung der Mächte und kein Bahnbau ohne die Abtretung ungeheurer Gerechtsame in der Ausbeutung. Selbst eine Anatolische- und Bagdadbahn war für den nationalen Türken ein Glück mit doppeltem Gesicht. Nur die bedeutsamen strategischen Gesichtspunkte mit Bagdad, ähnlich wie bei der von dem deutschen Ingenieur Meißner Pascha geschaffenen Mekka—Medinabahn sicherten diesen Unternehmungen ein bescheidenes Maß von Beliebtheit. Wirklich froh wird der nationale Türke erst der Bahnbauten werden, die er unter dem Zeichen der Befreiung vollzieht und die jetzt allenthalben die lebensbedeutsamen inneren Verbindungen schaffen, die bislang verwehrt waren.

Durchaus verständlich ist der Schwung der nationalen Wirtschaftsbegeisterung, der dies prachtvolle „Hinterland" der neuen Residenz beseelt. Unmittelbar verspürt es die Ausstrahlungen des selbständig gewordenen Staatslebens, überall sind gesteigerte Erwartungen und Willensfreude lebendig. Neben Siwas und Josgad sind es das obstreiche Kirschehir, Tschorum, Mersifun, das burgüberragte liebliche Tokat, das noch strahlendere Amasia, die in bedeutsamer Wirtschaftsentwicklung stehen. Die groteske Spannung des Kornpreises zwischen Siwas und Konstantinopel, die viele Reisende staunen ließ, wird verschwinden und Samsun wird ein ganz anderes Gesicht gewinnen, wenn die Hinterlandbahnen ihm das geben, was die Unbefahrbarkeit der wilden Ströme, des Grünen und des Roten Irmak ihm seither versagte. Bereits haben namhafte Geschäfts- und Bankhäuser von Konstantinopel neue Zweigstellen nach hier verlegt und im Zeichen des geplanten hafenmäßigen Ausbaues der offenen Reede von Samsun, belebt sich schon jetzt die Handelshoffnung fürs ganze Land.

Während der Südteil des Gebietes nur mäßige Niederschläge erfährt, die einer sorgsam ergänzenden künstlichen Bewässerung bedürfen, um die Wunder üppiger Kornfelder und strotzender Obstgärten hervorzubringen, ist der von Seewind beeinflußte Nordteil reichlichen Niederschlägen ausgesetzt. Die Jahresmenge des Ostpontusgebietes mit seiner subtropischen Üppigkeit wird zwar nicht ganz erreicht, aber immerhin zieht sich die Zone der Jahresniederschläge zwischen 600 und 800 mm vom östlich benachbarten „Dschanik-Gebiet"[1]) über den Jeschil Irmak herüber, in breitem Band die Küste entlang und entwickelt eine Vegetation, die den Namen „Frucht-

[1]) S. Kapitel III.

garten" (Dschanik) auch für das ganze unmittelbare Hinterland von Samsun voll rechtfertigt. Eine Wildnis sprossenden Pflanzenwuchses bedeckt hier die Nordhänge des Randgebirges und entzückt die Reisenden, die auf der uralten Straße Diarbekr—Siwas—Samsun den berühmten Paß des Tschamli Bel und dann zuletzt das Plateau zwischen Ak Dagh und Tawschan Dagh überschritten haben. So weit das Auge reicht, wogt das tiefe Grün deutscher Bergwälder, noch bereichert durch den Wirrwarr wuchernder Schlinggewächse, wilden Weines und mannshoher Rhododendronstauden. Stechpalmen und Lorbeer tragen eine südliche Note hinein und in den Tälern zeichnen sich die weitgedehnten Tabak- und Baumwollkulturen ab. Fern draußen erscheint mit dunklem Streifen das Meer.

Der Tabak stellt den bedeutsamsten Exportartikel dar nicht nur für diesen Landstrich, sondern für die ganze Türkei. Eine Tabakbahn könnte man die Linie nennen, die jetzt im Küstengebiete Samsuns stark fortschreitet, als die gediegene und vorbildlich geleitete Unternehmung eines rein türkischen Bankhauses. Die berühmtesten Tabakplantagen, die von Bafra am Küstenlauf des Kisil Irmak, von Tscharschembe und Terme werden durch ihren Strang mit dem Hafen Samsun verbunden. So bildet sich hier der erste Anfang einer Küstenbahn, die an anderen Stellen vorerst noch nicht Bedürfnis ist, die aber dereinst ihre Bedeutung haben wird für eine Zusammenziehung aller der prächtigen Küstenerträgnisse des nordanatolischen Regengebietes nach den vorbezeichneten Hafenplätzen von Eregli-Songuldak, Ineboli und Sinob im Westen, Ordu Kirason, Trabeson, Tirebolu und Rise im Osten.

Wie im Ostpontusland, so würde der Touristik auch hier ein prächtiges Neugebiet zugefügt, wenn das Kisil-Irmak-Gelände mit seinen vielseitigen Eindrücken als Reiseziel erkannt würde. Freilich kann es vorerst nur solche Besucher erfreuen, denen ein Schweifen abseits der Bahn und auf unwegsamen Pfaden Genüsse vermittelt. Eine lockende Tat auf solchem touristisch-wissenschaftlichen Gebiet, vielleicht der reizvollsten eine unter den vielen die Anatoliens Wunderwelt bietet, wäre die Floßbefahrung des Roten Stromes. Im Frühjahr braust er schon bei Siwas mit 300 m Breite dahin, aber 800 Kilometer unterhalb, wenige Meilen von der Küste, beim Durchbruch der letzten Felsschranke, im sogenannten „Tigerrachen" wird er von dräuenden Felswänden plötzlich in tobende Strudel von nur 70 Meter Breite zusammengedrängt. Einzig der Kelek, das Schlauchfloß, könnte dem kühnen Reisenden hier dienen und auch dieses würde eine Landung im Delta wohl nur gewährleisten, wenn der also Dahingleitende mit zahlreichen Reserven an Schwimmkörpern (Tierhäuten) ausgerüstet ist und wenn er, wie weiland Odysseus vor den Sireneninseln, an einen Mast sich fesselt, der beim Durchbrausen rasender, vielleicht von noch keinem Menschen gesehener Tobel das Fortgespültwerden verhindert. Er sähe auf solcher Fahrt in den Hochflächen des Oberlaufes die schneeigen Ketten des frühjahrlichen Taurus, dessen Zug unterhalb Siwas mit seinen Ausläufern bis an den Strom herantritt. Er glitte dicht dahin an der fruchtbaren Niederung von Kaisari und seinen vielen gärtenbegrabenen Vororten. Er sähe den ragenden Doppelkegel des Erdschjas Dagh und in blauer Ferne hinter dem Märchenland von Newschehir und Ürgüb[1]) den anderen vulkanischen Riesen den Hassan Dagh. Er ahnte — gleichfalls zur

[1]) Kapitel V.

Linken — das seltsame Gebiet des großen Salzsees mit dem Kranz seiner Einöden, während zur Rechten die breiten Weidegebiete mit ihren Kurden- und Turkmenenzelten zum Aufenthalte locken. In ihrem Bereich ist so manche alte Gewohnheit noch verankert; so kündet von der baktrischen Heimat dieser Hirten neben Zelten, Sätteln und Waffen, noch ihr wichtigstes Haustier, das Tulu, das eine nützliche Kreuzung zwischen zweihöckerigem Kamel und dem sonst in der Türkei heimisch gewordenen arabischen Dromedar darstellt. Der schnelle Reisende bekäme Einblick in Landschaften von wildester Kraft, in rauschende Kulissen grünwuchernder Wälder und in die erdrückende Großartigkeit unbewaldeter Felsschluchten, und er liefe ein in den Hafen des stilleren Meeres erfüllt von einem Kaleidoskop sich drängender Erinnerungsbilder, um die Maler und Dichter ihn gleich beneiden möchten.

Deutsche Forschung hat in den neunziger Jahren mutige Vorstöße in das Gebiet des Unterlaufes des Roten Stromes unternommen, aber nur streckenweise konnten die Geographen unmittelbar neben dem Flußbett ihren Weg nehmen. Der Weltkrieg hat die Forschungen fortsetzen lassen unter dem Gesichtspunkt einer erhofften Schiffbarmachung dieser gewaltigen Wasserstraße. Die Versuche sind gescheitert. Die Willkür der Natur, die ganz Anatolien mit mächtigen Bergketten umrandete, hat Flußläufe geschaffen, die viele Tagereisen weit dem Touristen großartigste Eindrücke gewähren können, die aber einer nautischen Benutzung noch bis in eine späte technische Zeit hinein die Pforte verschließen.

Hochgespannt, manchmal auch phantastisch, sind die Pläne im wirtschaftsfreien Land, die man aus den Kreisen der seltsam erweckten und betriebsam gewordenen Bevölkerung — gebildeter wie nicht gebildeter — vernimmt. Bis an die Grenze selbst heutiger technischer Möglichkeiten gehen manche Vorschläge und hoffnungsbeschwingte Anfragen. Die Regierung indessen schreitet ruhigen Schrittes mit ihren Reformen. Einladung und Abwehr an Wirtschaftspioniere, technische Unternehmer und Finanzkreise reichen sich die Hand. Nur der kann glauben, den inneren Geist der Angora-Republik und ihrer „Fortschritts"-Gedanken verstanden zu haben, der sowohl ein „ja" als auch ein „nein" zu begründen vermöchte, das die türkischen Ministerien heute einem Forscher und Sportsmann erteilten, der eben jene rauschende Bereisung des Roten Stromes in Vorschlag brächte.

KAPITEL V

STÄDTE AM RANDE VON SALZ UND SAND

Viele Namen könnte man diesem Gebiete ersinnen, das seiner Lage nach noch mehr als das Land im Arm des Roten Stromes ein Herzland Anatoliens bedeutet, das erhellt ist vom spiegelnden Licht riesiger Einöden, über deren Fläche hie und da noch einmal, waffenklirrend und stolz, die Erinnerungsschatten ritterlicher Jahrhunderte einherziehen. Unruhe und Erstarrung, beide zugleich, zeichnen sich ab im Bilde dieser Zone, deren innerster Teil von der lykaonischen Steppe des Altertums gebildet wird. Heiß durchsonnte, sommerbraune Steppe wechselt ab mit eingelagerten gelben Sandflächen und mit den weißschimmernden Gefilden des ausgeblühten Salzes. Dazwischen locken weitgespannte meerartige Seenspiegel, deren blauer Glanz köstliche Erfrischung verheißt, deren Gestade aber mit sumpfiger Schilfumrandung oder mit salzigen Schlammstreifen den Herzugeeilten enttäuscht. Still und menschenverwaist, wie schlafend unter einem geheimen Verhängnis von Erd- und Zeitgesetz liegen diese, über viele Tagereisen gedehnten Zonen; höchstens ein sommerlicher Sandsturm verändert einmal vorübergehend das Bild, der mit auf den Boden herniedergesenkten braunen und schwefelgelben wirbelnden Wolken wie mit einer Rotte apokalyptischer Reiter wild daherbraust. Im Winter erinnern gelegentliche starke Schneefälle an die Höhenlage auf 1000 Metern ü. M., die man über der ebenen Gestalt des Bodens zu vergessen geneigt ist. Mit dem

Schnee wechseln ausgedehnte Regen, langsam steigt dann das Wasser in den flachen Schalen der Seen.

Gewaltiges Erdgeschehen vergangener Tage künden in diesem stillen Land die großen Vulkane. Vom fast 4000 m hohen Erdschjas Dagh bei Kaisari setzen sich ihre steilen Dome fort nach Südwesten über Hassan Dagh und Karadscha Dagh bis zum Kara Dagh im Süden bei Karaman. Wie Inseln ragen diese jung-vulkanischen Schöpfungen hervor aus dem flachen Zug des Geländes, das einst tatsächlich den Boden eines Binnenmeeres gebildet hat. Flach und eintönig in gigantischem Stil muß sein Anblick gewesen sein, so wie es heute in kleinerer Staffel noch der Tus Gölü ist. Mit dem 30%igen Salzgehalt seines Wassers, mit seinen Salzkrusten und Schlammstreifen und dem verschwindenden Wasserstand von nur 1 Meter wird der Tus Gölü[1]) auf manchen Karten, nicht ganz zu Unrecht selbst als „Tus Tschölü" als „Salzwüste" bezeichnet, ein Name, der eigentlich nur der ihn umgebenden Salzsteppe zukommt. Der See ist ein Relikten-See, entstanden durch Verdunstung jenes einstigen Binnenmeeres, dessen letzte mächtige, mineralgeschwängerte Pfütze er darstellt. Heute noch so groß, wie etwa die fünffache Fläche des Genfer Sees, bietet er in diesem rastfeindlichen Wanderland den Karawanenzügen, noch mehr aber einem Heereszug von Konia nach Nordosten ein ernstliches höhnendes Hindernis. Sultan Murad IV. verdroß die flache Sperre so sehr, daß er an der mittleren Einschnürung des Sees einen überbrückenden Damm errichten ließ, der ihm für seine Feldzüge gegen die Beys im turkmenischen Kisil-Irmak-Land besondere strategische Möglichkeiten eröffnete und den auch im

[1]) Salzsee.

Befreiungskrieg 1919-1922 Mustafa Kemals tapfere Reiterscharen benutzten zum Vorstoß auf Konia.

Auch dieses Menschenwerk, das heute von seichten Wellen überspült wird, erzählt von einstigem gesteigertem Leben und setzt damit wohl jeden Denkenden in Verwunderung, der heute diese stillen Gestade besucht. Unweit des ganz versumpften Südendes des heutigen Sees steht ein anderes, etwa vierhundert Jahre älteres Bauwerk, der Sultan Han, eine berühmte, prächtige steinerne Karawanserei, mit der die Seldschukenzeit sich ein bedeutendes künstlerisches Denkmal setzte, das noch auf weit hinaus Bilder jener Tage lebendig erhält, da — lange vor dem Durchstechen des Suez-Kanals, vor der Ausgestaltung der Schwarzen Meer-Schiffahrt und vor dem Bau kaukasischer Eisenbahnlinien — Zehntausende von Kamelen in langen Zügen die Waren Persiens und Indiens nach den Zentren der Seldschukenherrschaft in Karaman und Konia brachten.

Damals waren wohl allenthalben, wenigstens zur Zeit des jungen Graswuchses, auch die flachen Steppen Klein-Asiens mit dichten Reihen von Ziegenhaar-Zelten der wandernden Völkerschaften bedeckt. Ein Teil der Nomaden ist seitdem seßhaft geworden. Ihre noch schweifenden Brüder aber, die die Gebundenheit des Siedlerlebens zäh von sich weisen, hat es hinaufgezogen nach den höheren Plateaus und auf die Weiden der Berge. Auf deren vielverzweigten Rücken klettern und wandern sie, nicht anders als ihre Herden vom Kaukasus und der persischen Grenze bis an die Westküste Kleinasiens, zu den Gipfeln bei Smyrna. Der Geist jener früheren Zeiten schwebt aber noch heute über der weiten lykaonischen Fläche, die seitdem noch keine Siedler finden konnte und die verwaist und schweigend daliegt als Tummelplatz nur für schweifende Gedanken und flüchtige Erinnerungsbilder aus türkischer Geschichte.

Rings herum allerdings im weiten Umkreis der Salzsteppe sind wie in vorgezeichnetem Kranz große wirtschaftlich und historisch bedeutsame Städte gelagert. Angora im Norden, Eskischehir, Kutahia, Afiun Karahissar im Westen, Konia und Karaman im Süden, Nigde und Kaisari im Osten, Kirschehir, schon im Bogen des Kisil-Irmak-Landes[1]), schließt dann den Ring. Wenn für den unbefangenen Wanderer der heutigen Zeit die Tus Tschölü-Landschaft ein Gebiet des Schweigens, ja des Todes zu sein scheint, so belebt sich doch für den Geschichtskundigen gar rasch selbst dieses dürre Plateau, angesichts der prachtvollen Bauwerke, die in den Städten am Rande der Steppe sich erhalten haben und die einen lebendigen Einblick geben in die islamischen Kulturen, die hier einander ablösten. Nicht nur der Kriegsbau Sultan Murads VI. spricht uns also von Ausstrahlungen der Randstädte über die Ödfläche hinweg. Die ragenden Türme der Minarehs, die Fayence-flimmernden Spitzzelte fürstlicher Grabkapellen und die mächtigen Mauern der Zitadellen künden uns, von Angora nach Karaman und Egerdir[2]) von Kutahia nach Kaisari, daß hier lebenbewegende Verbindungspfade geführt haben müssen, die nicht alle Salz und Steppe in ausweichendem Bogen umrandeten. Es ist vor allem die seldschukische Zeit[3]), die diesen Städten

[1]) s. Kapitel IV.

[2]) s. Kapitel VII.

[3]) Die Seldschuken, ein den Osmanen verwandter Türkenstamm, waren ihre Herrschaftsvorgänger in Kleinasien und Syrien. Ihre großen anatolischen Residenzen waren Konia und Karaman im 11. bis 13. Jahrhundert.

ihren äußeren Charakter aufgeprägt hat, mit ihren wundervollen Architekturen, die in der Eigenart ihrer Grundrisse, in der Erfindung und dem Reichtum ihrer Dekoration, den verwandten glanzvollen persischen Bauten sich an die Seite stellen können. Wehrhafte Regierungsfestigkeit und strahlende Freude im Genießen, das sind die beiden Elemente, die uns noch heute entgegentreten, in den Burgen und in den Kultbauten von Konia, Karaman, Kaisari in der gigantischen Zitadellenanlage von Kutahia, im phantastischen Stadtbild von Afiun Karahissar mit den schwarzragenden drei jähen Trachytkegeln, von denen noch jetzt Kasematten und gezinnte Mauern uneinnehmbarer Schlösser herniederschauen auf das Geflimmer von tausend braun und weißen Häusern, über denen in feierlich strahlendem Kranz die Kuppeln und schlanken Minarehs der altenMoscheen emporsteigen.

Aber nicht nur in Moscheen, Medresses, Tekkes und Imarets lebt die Tradition der seldschukischen Zeit. Sowohl unter ihren Kuppeln als auch unter den wie Türmen ragenden, randlosen Filzmützen der Derwischbrüder, haben sich bis an die Schwelle des Heute Traditionen und Legenden aus Zeiten, die noch weiter zurückreichen als Seldschukenherrschaft und Islam, ja bis in die Uranfänge mongolisch-tartarischer wie kleinasiatischer Geschichte erhalten. Die heutige Verweltlichung, die notgedrungen die Angora-Regierung auf ihre Fahne schrieb, macht hier einen gewaltsamen Riß. Noch sind die Derwischorden nicht aufgehoben, wie manche Fanatiker der Verstaatlichung es fordern. Man vermeidet mit allzu brutaler Hand an Altehrwürdigem zu rühren, aber das in langen Jahrhunderten gepflegte Ansehen der braunen Filzmütze, wie des weißen Turbans ist im ganzen Lande erschüttert zu Gunsten technischer und wirtschaftlicher Andachtsziele, die die neue Zeit auf den Altar des neuen Volksstrebens stellt. Schwer und schmerzlich ist diese Entwicklung für die Zehntausende von Geistlichen, die den auch von ihnen heißerflehten Erfolg des nationalen Sieges sich nun gegen ihre Kaste wenden sehen. Es bedarf ganz sicherlich großen Sinnes, um als Hervorragender in Ihren Reihen den neuen Tatsachen Recht zu geben, um nicht verdrossen zu werden am Vaterlande und um sich umzustellen zur Mitarbeit auf ganz neuen Gebieten.

Die politischen Feinde derTürkei, wie die vom national-anatolischen Wirtschaftsprogramm Enttäuschten haben Hoffnungen gesetzt und haben auch Einfluß zu nehmen gesucht, auf diese naturgemäß zum Teil vergrämten Kreise. Die Schwachen unter ihnen, die fremden Verführungen hörig wurden, hat Angoras Staatszorn zermalmt. Andere wieder lassen mit orientalischer Schicksalsergebenheit die neue Zeit über ihre Berufsziele hinwegschreiten, noch andere aber, und darunter sind die wahrhaft selbständigen Geister, stehen voll Ergriffenheit und voll Selbstverzicht mit geheiligtem Patriotismus zur schweren, stahlharten neusten Geschichte ihres Volkes. Jene Vertreter des westlichen Imperialismus, die so gerne behaupten, daß Mustafa Kemal Paschas Reformen niemals das ganze geistlich erzogene Volk ergreifen und umwandeln könnten, würden erstaunt sein, wenn sie heute an deutscher Akademie über das Reißbrett des Maschinenbauers gebeugt, nächste Angehörige des obersten Hüters der Koniaer Derwischtradition erkennten, Männer, die die noch vor kurzem geübten heiligen Funktionen uralter Zeremonien mit dem nüchternen Studium westlicher Wissenschaft vertauscht haben.

Wenn es alle Kunstfreunde und alle Geschichtskenner in diesen Städten rings um die Salzsee-Steppe zwingen mag, dem nachzusinnen, was islamische Epochen, die seldschukische, die kurze mongolische, und die osmanische hier bedeutet haben, so drängt es den Techniker und dem Wirtschaftler, sich hier Gedanken zu machen über das Problem, wie diesem Lande mit den Mitteln der Jetztzeit wieder gesteigertes Leben eingehaucht werden kann, wie aus vorhandenem, aber versumpftem Wasser und aus dem in breiten Strichen fruchtbarsten, aber vertrockneten Boden erneute Kulturzonen geschaffen werden können. Eine Befriedigung in zweifachem Sinne hat zweifellos der gewonnen, dem es vergönnt gewesen ist oder vielleicht noch vergönnt sein wird, als Pionier des westlichen Wissens in Mitwirkung an Bahn- und Bewässerungsbauten und im gleichzeitigen Bewußtsein türkischer Geschichte eine Brücke zu schlagen von einstiger handels- und kriegsgetragener Blüte zu künftiger neuer Bedeutung des Türkentums, die zunächst in der Verbindung von Landwirtschaft und Technik zu finden ist.

Wenn das Kisil-Irmak-Land (Kap. IV) auch ohne den erhofften Bahnbau schon seit mehreren Jahrzehnten von einem Hauch des Fortschritts sich erfassen ließ und wenn solches bewußtes Eintreten in die Bedingungen neuer Erfolge auch in Siwas und Kaisari sich erkennen ließ, so ist es im Süden und Westen des Gebietes die Bahnlinie gewesen, die mit ihrem Erscheinen in Stillstand und Selbstbescheidung hinein das Signal der aufsteigenden Epoche blies. Kutahia, Afiun, Akschehir, Konia und Karaman wurden Stationen der Bahn und erlebten den Beginn einer Wendung zurück zu einstiger Bedeutung. Die prachtvoll am Berge gelegene alte Festungsstadt Kutahia war zunächst weniger beteiligt, da sie nur durch eine Stichbahn mit dem übrigen Netz zusammengefügt ward; einer Stichbahn, die erst jetzt weit über Land nach Brussa und damit zum Hafen Mudania verlängert werden soll. An ihrer Stelle ist dafür Eskischehir mächtig emporgeblüht, das an der Gabelung der Bahnlinie von Konstantinopel nach Angora und nach Konia gelegen ist und das zu einem technischen Mittelpunkt mit großen Eisenbahnwerkstätten und beginnenden anderen Industrieanlagen sich entwickelt hat. Hier sind es außerdem der starke Sakaria und sein stattlicher Nebenfluß der Pursack, die dem Lande erhöhtes Leben geben. Mit ihren scharf gebrochenen Schlingen bringen sie genau wie die erstaunliche Linie des Kisil Irmak, wie die Knickungen des Frat und des Tigris die seltsame Struktur des anatolischen Berglandes sinnfällig zum Ausdruck. Nur die Ströme der Westseite, die dem einheitlichen Zug einer großen Abdachung folgen, sind gradliniger und übersichtlicher gestaltet. Auch das Angora-Gebiet ist durch den Engüri Su und einige kleinere Läufe an das Sakaria-System angeschlossen und entwässert somit zum Schwarzen Meer. Der Angora-Zone im Nordwesten entspricht in gewissem Sinne die Zone im Osten, die jenseits des Erdschjas Dagh schon zum Kisil-Irmak-Stromgebiet gehört, so daß auch Kaisari und die benachbarten Randstädte Urgüb und Newschehir hydrographisch „normale" Bedingungen haben. Afiun Karahissar jedoch, Akschehir, Konia, Karaman, Nigde und die gesamte Bahnstrecke bis an die hohe Randschwelle des kilikischen Taurus liegen in jener Trift des abflußlosen Gebietes, das sich im Südwesten in gebuchteter Kontur noch über das dortige Seengebiet von Buldur und Egerdir[1]) hinaus erstreckt bis an die äußeren Randketten des Mittelmeerabsturzes.

Hat die Lösung des Bagdadbahn-Problems im zentralen Abschnitt Anatoliens dank der vorwiegenden Flächengestalt des Bodens keine technischen Schwierigkeiten gefunden, so hat das andere Problem, das der Be- und Entwässerung des in seiner Erdkrume wunderbar fruchtbaren Landes große Schwierigkeiten bereitet. Nahezu schmerzlich berührt selbst den Laien der Anblick der großen Sumpfgebiete, die teils mit dem Zug der Eintrocknung gegen die Mitte der flachen Seen hin wandern, teils auch von den höheren Rändern des Plateaus wieder Zufluß erhalten, so daß der Zustand des Zuviel an Wasser, unmittelbar neben dem schreienden Mangel, so lange bestehen wird, bis ganz gewaltige Kunstbauten oder die Erosion der Jahrtausende ihm ein Ende bereiten. Neben dem Tus Gölü und zwei Seen nördlich und südlich von Indschesu bei Kaisari am Erdschjas Dagh ist auch das Gebiet der in sich verbundenen beiden Seen von Akschehir und Ischakly und des Aksu-Sees bei Eregli von weiten Sumpfstrecken umgeben. Auch sonst sind noch einige kleinere Wasserflächen und wenige vollständige Salzschlammpfannen zum Teil in der Nachbarschaft des Tus Gölü vorhanden, sämtlich Relikten-Seen, die, je nach fehlendem oder vorhandenem Zufluß aus etwas höheren Gebieten, langsamer Verdunstung oder dauerndem sumpfdurchsetztem Bestand entgegengehen. Verschiedene Landkarten zeigen charakteristischer Weise für einzelne dieser Wasserflächen unterschiedliche Gestalt, je nachdem, wo der aufnehmende Geograph die Grenze zwischen See und Schilf, zwischen Wasser und

[1]) behandelt in Kapitel VII.

Salzsumpf hat erkennen wollen. Nur die hochgelegenen Seen des abflußlosen Gebietes haben anderen Charakter, so die von Beyschehir, Egerdir und Buldur, die an anderer Stelle (Anm. Kap. VII) besprochen sind. Sie haben klare Ränder, denn sie entwässern ja, wenn auch nicht zum Meere, so doch zum Binnenland in eben jenen Flußläufen, die im tieferen Gebiete von Konia und Akschehir, wo sie einmünden, wieder die Sumpfbildung begünstigen.

Immerhin kann dank der bestehenden Höhenunterschiede eine entsprechende rentable technische Anlage und geregelter Betrieb einen gewissen Ausgleich schaffen zwischen Sumpf und Dürrlandschaft. So sind durch eine großartige Kanal- und Bewässerungsanlage in den Jahren 1908/13 von der deutschen Firma Holzmann weite Gebiete des ausgezeichneten Konia-Bodens mit fließendem Wasser des Beyschehirsees befruchtet worden. Über 50000 Hektar sind auf diese Weise intensiver Bewirtschaftung erschlossen worden und geben zugleich die Möglichkeit für bedeutsame Muhadschir-Ansiedelungen. Dank der Kriegs- und Nachkriegsstörungen ist diese Anlage heute noch nicht voll ausgenutzt, aber nach vollzogenen Ausbesserungen wird sie zweifellos bald ihre volle Bedeutung gewinnen. Die Möglichkeiten der Bewässerung des zentral-anatolischen Steppengeländes sind damit wohl noch nicht erschöpft, indessen werden dem heutigen türkischen Staate nicht so leicht die Mittel zur Verfügung stehen, die eine Fortsetzung so großzügiger Arbeiten gestatten. Das Programm des Landwirtschafts-Ministeriums sieht daher hauptsächlich solche Besserungen vor, die mit geringeren Mitteln allenthalben im Lande den Stand der Kulturen, wie die Bildung der Bauern heben können und stellt große Meliorations-Projekte auf eine Zeit zurück, die eine höhere Bevölkerungsziffer ausweist. Ohne ein kapitalistisches Interesse der Bagdadbahn-Gesellschaft wäre ja auch jene Anlage nur Projekt geblieben. So wie sie erfolgte, war sie in den Gesamtrahmen der Bauschöpfung eingespannt und umraßte letzten Endes auch europäische Siedlungsgedanken, etwas, das mit der nationalen Türkei-Politik von heute durchaus nicht in Einklang zu bringen ist.

Am Ostzipfel des abflußlosen Gebietes, aber schon außerhalb seines dörrenden oder versumpfenden Zuges liegt ein Land, das den Reisenden, die auf der alten Straße von Konia oder Karaman über das stille Akserai am Südende des Tus Tschölü heranreisen, oder vom Tauruspaß der „Kilikischen Pforten" über Nigde ihren Weg nehmen, stets als ein Land des Wunders und der Märchen erschienen ist. Es ist nicht nur der jäh auftauchende schneeige Kraterdom des Erdschjas Dagh, der ein seltsames Bild bietet, sondern das weite Gebiet um Ürgüb und Newschehir ist eine ausgedehnte phantastische Steinlandschaft aus unzähligen etwa 60 m hohen Tuffstein-Pyramiden und Kegeln gebildet. Teils stehen diese Steindämonen in langen Ketten, gegen den Himmel, teils sind sie zwischen hohe Felswände gebettet. Der erste europäische Reisende, der mit schreckenerregter Phantasie dieses Gebiet, teils noch zur Nacht durchreiste, Paul Lukas hat vor etwa 200 Jahren mit Stift und Wort die phantastischen Eindrücke geschildert, die er von diesen steinernen Erosionsgebilden empfangen. So viel wußte er vcn Gespenstern und Fratzen, von Mariengestalten, von Mönchen, Tier- und Teufelsfiguren von wahren Prozessionen grauer und roter Tuffheiliger zu erzählen, daß man geneigt war, seine ganze Reise für Phantasie und Unwahrheit zu halten. Mit den seltsamen Pyramiden, die wie hunderte ineinander geschobener hoher Spitzzelte erscheinen, erschöpft sich auch das Märchen der Landschaft nicht, sondern was neben der Phantasie des Auges auch die des geschichtlichen Denkens anzuregen weiß, das sind die tausende von Troglodytenwohnungen, die Felskammern, Gänge, Hallen und Säle, die in die Bergwände und zum Teil in die Pyramiden selbst eingeschnitten sind. Stellenweise sind sie in engen Reihen übereinander angeordnet und es gibt Felswände — so im Tal des Soganli Dere — wo die Felswände von tausenden von Fensteraugen durchlöchert sind, bis in eine Höhe von vielleicht 40 m überm Grund. Wer diese Höhlen geschaffen hat, steht nicht fest. Von Zeiten der Christenverfolgung berichten jedenfalls Räume, wie sie Graf von Schweinitz unter anderen bei dem damaligen Griechendorfe Misli fand, wo ganze Kapellen mit Säulen und bildnerischem Schmuck in die Felsen gegraben sind. Dorfbewohner erzählten ihm, daß es allein an solchen Kapellen über dreihundert in den zerwühlten Felsen gebe. In primitiver Weise verschloß man in Zeiten der Not die wenigen Zugänge dieser Verstecke mit in Gleitfurchen davor rollbaren, mühlradartigen Abschlußblöcken. Die Zahl der Gelasse, die der Reisende (im Jahre 1905) in wenigen Tagen in dem durchstreiften Gebiete erblickte, schätzte er auf 20 000. Seiner Vorstellung nach müssen hier enggedrängt ganze Stadtbevölkerungen gehaust haben, die ihren Verkehr untereinander und mit dem Erdboden z. T. nur mit Strickleitern bewerkstelligen konnten. In Ürgüb, das wie die meisten altanatolischen Städte um einen ragenden Zitadellenklotz sich gruppiert, ist auch dieser ganze Klotz von Höhlen durchzogen, die wiederum mit steinernen Bauten zusammenhängen, die zum

Teil davorgesetzt sind. Gebaute Behausung und Felsgelaß gehen hier in einander über, sodaß ein Wehrbau von phantastischem Formen- und Lichtspiel entsteht. Unerschöpflich reich und auf weiten Strekken noch völlig unbekannt, geschweige denn näher erforscht oder geschildert, sind die Naturbilder Anatoliens und die Erinnerungsstätten seiner Geschichte, die über mehrere Jahrtausend sich erstreckt. Mühseligkeit der äußeren Reiseumstände, Verleumdung der anatolischen Bevölkerung, aber auch die planmäßige Abwehr einer gegen Überfremdung ständig kämpfenden Regierung verhindern, daß das Land ein Touristenland im europäischen Sinne werde. Jedenfalls aber kann der von Schicksalgunst sagen, dem es gelungen ist oder gelingt mit richtigem Sinn durch seine fremde, mühsalverschleierte Wunderwelt den Reisepfad zu finden.

Wirtschaftlich hat das Salzseegebiet und ebenso einige Teile des inneren Kisil-Irmaklandes eine erweiterte Bedeutung durch die Salinen, die sowohl aus dem See, wie aus alten Salzlagern, denen der rote Strom seinen antiken Namen — „Halys" — verdankt, ihre Ausbeute entnehmen.

Die erstaunlichste neue Entwicklung unter den Städten um das Salzsteppengebiet herum hat im Norden Angora genommen. Ihm gebührt die größte Zukunft. Militärische und innerpolitische Gründe wie auch die ganze Artung und der Gedankengang der nationalen anatolischen Bewegung verbieten dem neu erwachten Volksleben ein Wiederwählen des „verwestlichten" Konstantinopel zum Regierungsitz. Mit allen Mitteln haben Europäer und das Levantinertum versuct, Angora als ein Provisorium erscheinen zu lassen. Die Ereignisse haben sie widerlegt. Wie Handels- und Bankkreise, so haben auch die europäischen Botschaften die freundwillige Wanderung nach Osten antreten müssen. Mag vom schönen Goldenen Horn aus auch das heutige Angora, das im Eiltempo wächst und sich ausbaut, zunächst noch als offenbare „Provinzstadt" erscheinen, wer in Zentral-Anatolien geweilt hat, der spürt, wie bedeutsam das Haupt zu arbeiten und neu zu gestalten weiß, das sich hier erhoben hat. Gerade die Landstriche, die reinsten Türkenschlag beherbergen, und die fremder wie eigener Wirtschaftsbelebung seither am wenigsten teilhaftig wurden, gilt es zu heben, gerade aus ihrem Einsatz in den ökonomischen Gesamtplan ist ein Strom neuer nationaler Wirtschaftskraft zu erwarten. „Haltet Eure Residenz fern den unterworfenen, nicht-türkischen Ländern!", so lautet uralte Prophetie der Türkvölker, von der nur zum Schaden der Rasse abgewichen ward. Mit der Gewinnung Konstantinopels begründete der Osmanenstaat ein neues glanzvolles Zentrum für sein gewaltiges Nationalitätenreich der stürmischen Eroberung. Durch die gesteigerte technische Macht Europas, durch das Erwachen russischer und balkanischer Völker, durch Umwirbelung des arabischen Elements ist das Türkentum wieder auf den Nationalstaat zurückgedrängt worden. Die Zukunft Konstantinopels, das heute in entfestigter Zone feindlichen Flotten preisgegeben ist, mag ein gewaltiges Problem sein. Die Zukunft der zentral-anatolischen Städte und der zu neuen Leben ansetzenden türkischen Küstensiedelungen liegt klar für den nationalen anatolischen Gedanken, dem das Wirtschaftsleben seine Gefolgschaft nicht versagen wird. Wichtiger für das Türkentum als die Einweihung der Hedschas-Bahn gewesen ist, wichtiger als alle Bagdadprojekte wird der Schienenring sein mit all seinen Ausstrahlungen, der sich um den weißen Fleck auf der Karte Kleinasiens zu schließen beginnt, dem das schaurige Wort „Tus Tschölü" „Salzwüste" eingeschrieben ist. Die Bahn Konia—Akserai—Kaisari und die Bahn Angora—Kaisari—Siwas, werden binnen kurzem den Kranz schließen[1]), der für jede der Stadtindividualitäten, die er verbindet, eine neue Beflügelung des persönlichen Lebens, des nationalen Wirtschaftseifers bedeuten wird. Aus dem Roten-Strom-Land, aus dem Westpontusgebiet, von Erserum, von Trabeson her und auch aus den entvölkerten Fluren von Charput, Malatia und Wan wird nationales Leben sich einströmend vermischen mit den Impulsen, die im Zentrum vorbereitet lagen und die nun zu stärksten Aktionen erwacht sind. In dem angestrebten Ausgleich dieser neubeflügelten Kräfte mit dem, was griechisch-armenische Handwerks- und Handelstradition, was europäische Wirtschaftsspekulation an befruchtenden Vorbildern in den Küstenzonen des Westens und Südens hinterließ, und neu einschießt, sieht der türkische Nationalgedanke den großen Umriß des wirtschaftlichen und völkischen Zukunftsbildes.

Manchem ehrlichen deutschen Ingenieur und Forscher wird wieder das Herz warm werden, wenn er sieht, daß gerade rings um dies trockene Mittelgebiet, durch das einst osmanische und seldschukische Heerscharen marschierten, damals ehe Staub und Verfall eines Welt-

---

[1]) Ende 1925 wird die im Bau befindliche Bahn Angora—Siwas, Kaisari erreichen. Anfang 1926 wird Kaisari—Oloukyschla begonnen, wo jetzt schon ein reger und regelmäßiger Autoverkehr eingerichtet ist. Mersina wird dann Hafen werden für Kaisari in Wiederaufnahme der alten Handelsbeziehungen Aleppo—Kilikien—Kaisari—Samsun.

handelsumschwunges sich auszubreiten begannen, aufs neue starkes türkisches Wiederaufbauschaffen seinen Ausgang nimmt.

Was dem echten Türkeifreund schmerzliche Rätsel aufgab, das schlummernde Wirtschaftsvermögen der Rasse Osmans; aus dem eigenen Herzen schöpft es neue Kraft im nationalen Gedanken, der alle fremden Fesselungen und alle Bevormundung abwarf. „Irrigationen" gewaltige Flußregulierungen, Chesterprojekte, in denen man damals den einzig möglichen Entwicklungsgang sah, sind beiseite geschoben, aus dem Programm eines Volkes, das noch von Kriegsanstrengungen zitternd zum ersten Male auf eigenen Füßen seinen selbstständigen Wirtschaftsweg einschlägt. Anders als es solche Deutsche wohl geträumt, aber umso befriedigender vielleicht, wird das Leben sich gestalten in jenen Gebieten, deren nationaltürkisches Wirtschaftsbild um die Jahrhundertwende kaum einen Ingenieur plastischer verkörpert sah, als im unendlich langsamen, zäh schreitenden anatolischen Büffelkarren mit seinem niegeölten, ewig singenden Scheibenräderpaar. Die Genügsamkeit selbst schien auf diesem Gefährt einher zu fahren in Staub und Dürftigkeit.

Noch knarren und singen die Büffelkarren in Anatolien, aber die Genügsamkeit hat anderen, strafferen Gestalten Platz gemacht, die mit blanken Augen hineinschauen in das Wallen und Weben der von Grund auf veränderten Zeit. Ähnlich wie in Deutschland, ähnlich wie in so vielen Ländern der Nachweltkriegsperiode verschieben sich altangestammte Begriffe, Vielen im Lande zu Leid, Wenigen zum Genuß, aber dem Gesamtvolke zum Heil, das seinen Willen zum Erfolg gespannt hält und ein reifes Ziel vor Augen trägt.

KAPITEL VI

ADANA, DAS BAUMWOLLAND

Ähnlich wie die ragende pontische Bergkette eine Vegetations- und Klimascheide darstellt, bedeutet auch der kilikische Taurus einen solchen Grenzwall. Dem vom zentralen Plateau Heranreisenden bietet sich in der Gegend von Eregli noch das Bild der Oasen an salziger und staubiger Steppe; auf der uralten Paßstraße der Kilikischen Pforten umfangen ihn alsbald Landschaftsbilder, die an deutsche Berge erinnern; der südwärts gerichtete Abstieg aber führt ihn dann nahezu unvermittelt in ein Gebiet, das klimatisch unterm Szepter durchsonnter Flußfluren, wirtschaftlich im Zeichen der Baumwolle steht, wo Reis und Zuckerrohr gehegt werden, die Goldorange aus dunklem Laube leuchtet und sogar die Dattelpalme in den Lüften sich wiegt, wenn auch ihre Früchte die volle Reife nicht erlangen. Es ist das Adanagebiet, jene breite, von zwei Flußsystemen durchzogene Senke, die in ihrer ganzen Ausdehnung ein Kulturland von verschwenderischer Fruchtbarkeit darstellt. Die Sommertemperatur erreicht in diesem Tal oft 45° im Schatten und selbst das Januarmittel sinkt nur selten unter 14°. Freilich, die feuchte Wärme, die den Pflanzenwuchs wunderbar fördert, zeitigt gesundheitliche Gefahren. Die Ebene von Adana und Mersina ist fiebergefährlich, und in den heißen Monaten wandern die einigermaßen bemittelten Teile der Bevölkerung hinauf in die Sommerwohnungen an den kühlen Hängen der Tauruswand. Hier in den köstlichen „Jailas" waldgeborgener

Holzdörfchen entwickelt sich dann ein lustiges Leben und Treiben, das den Namen „Luftkur" umso eher verdient, als die landläufige Meinung die Malaria der Ebene nicht den Moskitos, sondern dem „Hawa", der Luft, zuzuschreiben pflegt. Im Tiefland schläft in dieser Zeit alles auf den flachen Dächern. Außerhalb der Städte und da, wo das Holz wohlfeil ist, findet man auch manchmal Gestelle, die von Ferne wie Bohrtürme anmuten möchten. Es sind „Schlaftürme" auf deren Terrassen man sich etwas herauszuheben bemüht aus der stehenden Schwüle der untersten Luftschicht.

Man kann der Landschaft, wie der Wirtschaft nach, drei Zonen unterscheiden in dem Gebiet, das die Darstellung des vorliegenden Kapitels einbezieht: Die völlig flache, von drei Seiten gebirgsumrandete „Tschukur Owa", die alluviale Niederung der Seihun- und Dscheihan-Flüsse; sodann die höheren, hauptsächlich dem Weideleben und der Viehzucht gewidmeten Zonen zwischen Sis und Marasch, und dann das Gebiet jenseits des Amanus-Riegels um Aintab und Kilis.

Die letztere Gegend gehört eigentlich schon zu Nord-Syrien. Da es aber ein unbestrittenes türkisches Volks- und Sprachenterritorium ist, dessen Grenze sich ja bis in die Gegend von Antakia und Haleb erstreckt, ist es nach dem türkisch-französischen Angora-Abkommen vom Oktober 1921 und nach dessen Bestätigung im Lausanner Vertrag bei der anatolischen Türkei verblieben. Notgedrungen steht in engem Konnex mit seinem neuen „Hinterlande" von Marasch, Sis und Adana, das ihm das verlorene Vorderland von Iskenderun (Alexandrette), Antakia (Antiochia) und Haleb (Aleppo) ersetzen muß.

Obwohl der Amanus, dessen schön bewaldete Berge nur 1700 m Höhe erreichen, mit den bis zur Firnschneegrenze aufragenden Ketten des taurischen Bulgar Dagh und Ala Dagh sich nicht messen kann, so hat doch auch er nur ganz wenige Lücken, auf denen Straßen hindurchführen. Das große Hufeisen, in dessen Buchtung Südsonne und die Feuchtigkeit der Seewinde die sprossenden Wunder der Tschukur - Owa ans Licht treiben, ist also fest geschlossen. Die Tauruskette kennt nur die schmale Paßstraße des 2000 m hohen Jedi Bel am südwestlichen Ausläufer des Bulgar- und Dümbelek Dagh, die fahrbare klassische Heerstraße der kilikischen Pforten und das weiter östlich gelegene gewundene Felstal des Korkyn Su. Hierzu fügt sich zwischen beiden in neuer Zeit noch der Weg der Eisenbahn, die die großartige kañionartige Tschakyt-Schlucht nahe östlich der kilikischen Pässe benutzt. In gegen hundert Kunstbauten hatte sich hier deutsche Arbeit ein Denkmal gesetzt, als im Weltkrieg kurz vorm Zusammenbruch der türkisch-deutschen Palästina-Front diese technisch wie landschaftlich prachtvolle Strecke dem Dienst übergeben ward.

Der Amanus bietet natürlicher Weise nur einen Durchgang und zwar bei Alexandrette bezw. Belan, wo seine Ketten ganz nah an das Meer herantreten und nur ein gleichfalls berühmter Paß das „Tor Nordsyriens" eben bei Belan frei bleibt. Die Durchbrechungen weiter oben nach Marasch und nach dem Bogen des Hufeisens zu sind künstlich. Es ist die Eisenbahn Adana-Aleppo, die mit dem Tunnel von Bakdsche den Durchbruch vollzieht, und die Kriegsheeresstraße, die, wie die Bahn, erst im zweiten Kriegsjahr vollendet wurde. Der Paß von Belan ist zusammen mit Iskenderun, Haleb, und Antakia französisch-syrisches Territorium geworden. So hat die heutige Grenzführung, abgesehen von Volkstum und Sprache, auch landschaftlich an zwei Stellen etwas Unnatürliches. Sie fügt ein Stück Nordsyrien mit zum türkischen Anatolien, allerdings ein solches, das den türkischen Ebenenstreifen Nordmesopotamiens gradlinig nach Westen verlängert. Andererseits ist mit Iskenderun ein Stück Anatolien zum französischen Syrien geschlagen. Die Grenze läuft dicht südlich Pajas und südlich Kilis. Wer aber diese Plätze hält, dem gebührt auch Iskenderun und der Belan-Paß. Damit wird ihm aber zugleich das Gebiet von Antiochia und Aleppo ausgeliefert, das Frankreich fest in der Hand zu behalten gedenkt. Wenn diesen Problemen auch nicht die große Bedeutung des Mossulproblems innewohnt, so ist doch auch hier durch die jetzige Grenzführung eine türkische Irredenta geschaffen worden. Mit größter Sympathie verfolgt man im Adanatal die Entwicklung dieses abgetrennten weitgehend türkisch bewohnten Gebietes, dem Frankreich nach langem Zaudern schließlich eine mehr scheinbare als tatsächliche Selbstverwaltung gewährt hat. Eine besondere Unnatur entsteht noch dadurch, daß die Linie der Bagdadbahn nach ihrem Austritt aus den Bergen etwa auf der Höhe von Kilis nicht sofort ostwärts nach dem Euphrat und nach Mossul sich wendet, sondern von der überragenden Bedeutung Aleppos angezogen — südwärts bis zur Metropole Nordsyriens fortgeführt ist, um dann in spitzer Kehre nach Nordosten zurückzuleiten und später in großem Bogen nach Osten sich zu wenden. Die ganze Kehre mit über 100 km Schienenlänge ist durch den Grenzverlauf abgeschnitten, und türkische Waren für und von Nordmesopotamien müssen ein Stück syrischen Bodens befahren, um nach Anatolien zu gelangen und umgekehrt. Eine besondere Regelung zolltechnisch sowohl als für Militärtransporte hat hier stattgefunden; aber allerhand schwerwiegenden Verwicklungen bleibt wohl dennoch die Tür geöffnet.

Frankreich zeigt seit Ende 1924 manche diplomatische Höflichkeit in der Behandlung dieser Zone, aber der türkische Nationalimpuls wird sich dadurch nicht beirren lassen. Vermutlich wäre er niemals so scharf geworden, wenn nicht das Adanagebiet, durch widerrechtliche Ententebesetzung 1919 zu Nordsyrien hinzugezogen, alle Schrecken französischer Säbelherrschaft und blutvergießender Minoritätenpolitik durchgemacht hätte. Die Bogengebiete des Hufeisens bei Marasch und Aintab sind es gewesen, die im Winter 1919—20 wütende Kämpfe der Kemalisten und schwere französische Schlappen sahen. „Ghasi Aintab" „Aintab das Siegreiche" ist der Name, der an die blutigsten Erfolge erinnern und jene schweren Tage der jungen Freiheitsbewegung verewigen soll. Jeder 5. Januar sieht seitdem die kilikische Ebene und die Städte am Höhenrand in reichem Flaggenschmuck prangen, sieht jauchzende Volksfeste, in denen namentlich die Jugend mit ihren Sportvereinen und Jugendwehren im Vordergrund steht. Durch die Straßen Adanas wird dann eine riesige türkische Flagge getragen, die in ihrer Größe hunderten freudefiebernden Händen das Zupacken gewährt. In schwarzverschleierten Wagen pflegen sich dann noch im langen Festzug die symbolischen Mädchengestalten zu zeigen, die das gefesselte nahe Iskenderun und Antakia verkörpern, und denen das befreite Adana gegenübergestellt ist, in weiße Seide mit roter Schärpe gekleidet, den wehenden Palmzweig des Friedens und des Wiederaufbaus in der Hand.

Es sind Wirkungen der Reaktion, es ist das Gesetz von Druck und Gegendruck, das sich hier offenbart. An sich ist das Adanaland fremde Einströmungen nicht ungewohnt und insbesondere französische Wirtschaftspolitik mit Konsulaten, Missionen und Schulen hat nach dem nie vergessenen Programm „la Méditerranée — un lac francais" der Okkupation des Jahres 1919—20 schon lange vor dem Weltkrieg gut vorgearbeitet. Wie an anderen Stellen hat aber der dann folgende bewaffnete Raub am Heimatboden dem lange geduldigen und oftmals apathisch geheißenen Türkenvolk die Augen geöffnet und jenen Ingrimm entfacht, der es vielfache Übermacht besiegen ließ.

Vor den Franzosen war es, zu Beginn des vorigen Jahrhunderts Ibrahim Pascha von Ägypten gewesen, der kühne Sohn des kühnen Mehmed Ali, der im Jahre 1829 an den Tauruspässen mit mächtigen Kastellen die Grenzmark seines ägyptischen Reiches setzte und mit einer zehnjährigen Herrschaft im Lande den Grundstein zur neuen wirtschaftlichen Bedeutung des Adanagebietes gelegt hat. Mit drakonischen Bestimmungen, wie sie auch heute im Orient oft nicht zu vermeiden sind, und wie sie vor zweihundert Jahren auch in Europa die Wirtschaftspolitik weitschauender Fürsten unvermeidlich machte, zwang er die zu islamischer Beschaulichkeit neigende Bevölkerung zum planmäßigen Anbau von Zuckerrohr und Baumwolle. Die Anatolier, die die Fruchtbarkeit und ungewohnte Hitze des Landes zum Träumen und zum Müßiggang zu verlocken schien, sollten neuägyptische Betriebsamkeit lernen, und aus dem Schlamm der beiden Ströme, der wie der Nilschlamm alljährlich das Tal befruchtet, sollten Erträgnisse gleich denen Unterägyptens emporblühen. Ibrahims

Herrschaft ging verloren, aber etwas vom Impuls seines starken Willens blieb bestehen; was er eingeleitet, das ward mit rein wirtschaftlichen Mitteln, mit Bankgründungen und Bahnbauten, mit der Einfuhr landwirtschaftlicher Maschinen seitens verschiedenster Nationen, darunter auch Deutschlands, erfolgreich fortgesetzt. Die drei Städte Adana, Tarsus, und Mersina haben einen starken Aufschwung genommen. Fehlte die vierte nicht, Iskenderun, so böte diese Wirtschaftszone ein vollendetes, geschlossenes Bild. Von den Städten im tiefsten Unterland strahlt der Fortschritt in Gestalt verbesserter landwirtschaftlicher Methoden langsam nach aufwärts, den Flußläufen folgend, von Gut zu Gut, und auch das Gelände um Sis und Marasch, das noch manch nomadisches Leben sieht, wird stärkerer Ausnutzung erschlossen. Hier über Marasch und Elbistan hängt das Adanaland zusammen mit der Usun Jaila, jener „langgestreckten Sommerweide",[1]) mit den Zonen von Malatia, Diwrigi und Charput am Obereuphratlauf, welche vor allem armenische Betriebsamkeit im Kampfe und Leid vor raublustigen Nomaden zu ihrer Bedeutung brachte. Von hier aus haben sowohl die schweifenden Hirtenvölker ihre Weidezüge getan, als auch die Nachkommen des Hetiterreiches ihren friedlichen Kaufmannsweg genommen. Die Bazare der Städte im Flachland trugen bis zur Weltkriegszeit hauptsächlich armenisches Gesicht, und im Kloster von Sis in den Heiligtümern von Anawarza und Lambrun setzte sich die Kirchentradition wie die politische Überlieferung des einstigen Königreiches Kleinarmenien fort, das hier seine Stätte hatte.

Oben auf den Höhen der Taurusketten schweifen Kurden, Jürücken

[1]) Vgl. Kapitel I.

und Turkmenen. Ihre schwarzen Ziegenhaarzelte bevölkern die Hochalmen während der guten Jahreszeit. Der Herbst sendet sie zu Tal. Nur die bunten Lappenfetzchen, die zu hunderten an die dornigen Sträucher der Hochregion gebunden sind, nach alter abergläubischer Gewohnheit, bezeichnen den Ort, wo ihre Weidesitze waren. Mit Kamelen, Rindern, Eseln, selten auch auf Pferden und Maultieren ziehen sie zu Tal, Kinder und Kranke auf dem Rücken der Tiere, alles andere mit starken Schritten nebenher marschierend. Es sind Bilder, die stets des Malerpinsels würdig wären, diese in strahlendes Bunt gehüllten Gestalten mit den phantastischen Kopftüchern und Binden, die sie mehr zum Schutz vor der Sonne als gegen den Bergfrost anzulegen scheinen. Gern marschieren sie in der kühleren Nachtzeit beim Schein des Mondes. Dann, wenn die Farben der Gewänder schweigen, tönt doppelt laut das Summen und Klingen der wiegenden Viehglocken, die insbesondere den Kamelen zur Zierde und zum Stolz dienen sollen. Große und kleine Messingglocken, oft zu dreien ineinander aufgehängt, sind an den Sattelgurten befestigt oder auch an den Beinen unter dem Leib des Tieres aufgespannt. Der Gleichgang des Schritts läßt die Hunderte von großen und kleinen Klöppeln in rhythmischen Schwingungen ertönen. In der Ebenmäßigkeit des Marsches entsteht da ein tiefes, nie erlöschendes Brausen, aus dem die hellen Glocken in gestuften Kadenzen hervorbrechen. Wie marschierende dunkle und lichte Akkorde, so hört sich ein solcher Nomadenzug aus der Ferne an. Viel eindrucksvoller, viel phantastischer als der Reigen unseres nur stumpfe Glokken schwingenden Viehes in den Alpen.

Stark geht in den Herbstmonaten die Einwohnerzahl der Städte in die Höhe, in deren Umrandung sich die Nomaden ihre Winterquartiere suchen. Leicht können hier nun Reibungen entstehen mit dem armenischen Element. Als erfolgreiche Bauern und vor allem als Inhaber von städtischem Gewerbe und Handel, erscheinen seine Vertreter den schlichten Nomaden oftmals unglaublich und unverdient reich. Zweifellos hat neben religiöser Abneigung auch die bloße Begehrlichkeit mit Gevatter gestanden bei den Massakern, die in den Jahren 1897 und 1908 auch über die Armenier des Adanatales hereingebrochen sind. Auf anderer Seite tat englischer Einfluß, der hier im kleinarmenischen Gebiete den russischen abgelöst hatte, das Seine, um die Glaubensgegensätze im Brand zu halten. Die Waffen, die die Armenier bei einzelnen ihrer triebartig übersteigerten Putsche, so dem berühmt gewordenen des Jahres 1894 von Sassun geführt haben, waren vom Meere gekommen, das sie in dunklen Nächten ans Land warf. Der Zusammenbruch der französischen Armee in Kilikien im Winter 1919/20 hat auch das Schicksal der Adana-Armenier besiegelt, ihrem Wohnen im Lande und ihrer Handelsherrschaft ein Ende bereitet. Gleichzeitig ward damit auch Vergeltung geübt für das gewalttätige und abgefeimte Treiben, das gerade die armenische Legion, als Glied der französischen Besatzungsarmee sich während dieser Zeit zur häßlichen Aufgabe gemacht hatte. Wie ganz Anatolien, so ist auch das Adanagebiet seitdem von Armeniern frei. Nur kleinste versprengte Splitter, hauptsächlich aus den römisch-katholischen Armeniern, die man türkischerseits nie als dasselbe angesehen hat, wie die von der politischen Propaganda erfaßten Armenier der autokephalen Nationalkirche, sind im Lande zurückgeblieben. Es handelt sich dabei um Elemente, die offenkundig jeglicher Minderheitshoffnung entsagt haben. Die örtlichen Behörden, die nach alter türkischer Regierungstradition mehr nach Klugheit und sachlicher Erkenntnis handeln als nach gedruckten Paragraphen, belassen nicht ungern solch wertvolle Mitgliedschaft Einzelner in Handwerk und Handel, zumal sie gewiß sein können, daß diese fremden Reste im türkischen Volkskörper gänzlich aufgehen werden, und ein Verhältnis eintritt noch einfacher und noch gesicherter, als das türkisch-armenische Verhältnis in den langen Jahrhunderten vor Einsetzen der russisch-europäischen Propaganda es gewesen war.

Die Lücke, die auch im Adanatal durch die Entfernung der Armenier gerissen ist, spricht sich naturgemäß im Bild der betriebsamen Städte viel deutlicher aus als auf dem Lande. Gibt doch die türkische Gesamtstatistik des Adanagebietes aus den neunziger Jahren einschließlich Marasch, Aintab, Alexandrette nur 13 % Armenier an gegenüber 60 % Türken. Der Restprozentsatz entfällt auf seßhafte Araber (hauptsächlich in Aintab, Kilis und Iskenderun), auf Griechen, Levantiner, Juden und auf die nie klar zu zählenden Wanderstämme.

Die Angoraregierung verfolgt das Problem der Bevölkerungsauffüllung mit größtem Eifer. Die rund 400000 Austausch - Muhadschirs des Vertrages von Lausanne sind die eine Quelle, die andere ist die — freilich sehr schwer zu erschließende — einer Seßhaftmachung der Nomadenstämme, mit welcher auch noch in anderen Richtungen dem Lande gedient wäre. Kaum ein Gebiet Anatoliens erfährt heute so viel Fürsorge seitens der Regierung wie das Adanaland. Seien es die besonders verlockenden Bedingungen dieser heißesten Fruchtzone der ganzen Türkei, sei es die Reaktion auf den französischen Raub des Jahres 1919 und die damals zu Tage getretenen gewaltigen europäischen Wirtschaftshoffnungen, sei es ein stiller Wettkampf des türkischen Hafenplatzes Mersina und seines „Hinterlandes" gegen das an günstiger Bucht gelegene syrisch-französische Iskenderun, jedenfalls wirken in der Hebung der Baumwollkultur, und in der gleichfalls ständig wachsenden Ausdehnung der Orangen-, Reis- und Obstpflanzungen alle Kräfte zusammen, um hinter dem möglichst wenig zurückzubleiben, was eine europäische Mandats-Wirtschaft hier vermutlich würde gezeitigt haben. Volk und gebildete Schicht, Landbewohner und Städter, Kommunen, Handelskammern und Landwirtschaftsministerium reichen sich die Hand in dem pulsierenden Leben, das seit dem ersten Nachkriegsjahr das Tal erfüllt. Der Wasserreichtum des Dschihan- und Seihunflusses mit ihren zahlreichen Zuläufen gewährleisten eine weitgehende Ausdehnungsmöglichkeit der Kulturen und die hier bereitwilliger als anderswo aufgenommene Maschinisierung des Landwirtschaftsbetriebes gleicht den Mangel an Bevölkerung teilweise aus. Ganz große Pläne, wie die seinerzeit erwogene, die Konia-Irrigation um ein zehnfaches übertreffende Bewässerung, ein gleichfalls deutsches Projekt, ist zurückgestellt für wirtschaftlich gekräftigtere Zeit. Aber auch ohne sie steigert sich der Ertrag des Gebietes in rasch wachsender Staffel. Der Geist, praktischer fortschrittsuchender Arbeit, den Mustafa Kemal Pascha als echter Landesvater u. a. zu verbreiten weiß durch den nationalen Musterbetrieb seiner riesigen Farm bei Angora, wo moderne Bauern ausgebildet und auf Wunsch auch angesiedelt werden, hat auch hier Fuß gefaßt, und das Adana-Tal wird vermutlich die Gegend Anatoliens sein, in der in den letzten

Jahren die meisten Holzpflüge zum Brennholz geworfen wurden. Die von der Regierung veranstaltete landwirtschaftliche Ausstellung im Sommer 1924, die von etwa 50 europäischen Firmen beschickt war, hat vorzüglichen Einfluß und Nachwirkung gehabt. Im Gefolge der aufgenommenen maschinellen Felderbearbeitung hat sich auch der Betrieb in den Baumwoll-Entkapselungs-, Entkernungs- und Verpackungsfabriken belebt und neue Anlagen sind zu den vorhandenen hinzugekommen. Hier im Adanatal bildet sich auch für die einheimische Tuchfabrikation ein wichtiger Stützpunkt, den die Regierung in ihrer Propagierung des Gedankens nationaler Bekleidung ihrer Beamtenschaft und ihres Heeres zu nutzen wie zu stärken versteht. Die Ablösung fremder Elemente, auch in allen technischen Betrieben ist erfolgreich vollzogen, und über dieser Tatsache belebt sich aufs neue der vaterländische Schwung und die wirtschaftliche Zuversicht des kilikischen Türkentums. Man spürt ihre Ausstrahlungen in den nationalen politischen Klubs und in der Emsigkeit des Pressebetriebes, der sich mit verschiedenen neu gegründeten Zeitungen mehr und mehr Lesepublikum gewinnt und der nicht wenig dazu beiträgt das Gesicht dieses heiß umstrittenen und schon seit Jahrzehnten politisch gefährdeten Gebietes bewußt national, bewußt neuzeitlich, bewußt aufbautüchtig zu machen. Man soll nicht behaupten, daß trockener ökonomischer Rationalismus allein entscheide über die Entwicklung eines Landes und seiner Teile. In der politisch tief aufgewühlten, jung gärenden Sphäre der neuen Türkei spielt das psychische Moment hier eine hemmende, dort eine fördernde Rolle. Die Kommunen kämpfen und streben wohl allenthalben im Lande um Behauptung oder Fortschritt; das Licht der Regierungssonne aber strahlt mehr nach Osten, denn nach Westen: Konstantinopel liegt im Schatten, Smyrna wird überstreift, aber um die Pontusküsten, um das Ostland, um die Herzzonen kreist der wärmende Strahl und das Adanatal bescheint er in breit leuchtender Fläche.

KAPITEL VII

STILLE BERGSEEN UND SONNIGE BUCHTEN

Wenn man von Mersina den Weg westwärts nimmt, so reist man dahin unmittelbar zwischen Berg und Meer. Die Tauruskette, die in mächtiger Schwingung die Ebene des Dschihar und Seihun umrandet hat, rührt hier — mit den vordersten Ausläufern des Hufeisens[1]) —, nahe an das Meer. In vielen Schluchten entsenden Bulgar Dagh und sein Nachbar der Dümbelek Dagh den Niederschlag der seewindgetragenen Wolken wieder zum Meere zurück. Eiskalt, schneefarben sind noch bis weit in den Sommer hinein die Wässer, wenn sie mit der warmen Salzflut sich vermischen, die um die großen Buchten, um die Klippen und Inseln Südanatoliens wogt. Zwei dieser Eisbäche haben ihre wilde gefährdende Kraft in die Annalen der Weltgeschichte gedrängt. Der Mesarlyk Tschai, der Cydnus des Altertums, der noch im Deltagebiet des Seihun mündet, Tarsus im Vorbeifließen streifend, gefährdete Iskenders — Alexanders des Großen — Leben, der sich vom heißen seinem Heeresmarsch entgegendrängenden Hauch der kilikischen Ebene umweht, als Badender in seine Wasser stürzte. Erst nach schwerem Krankenlager in Tarsus genas der König. Der andere Bergfluß, der sehr viel größere Gök Su, der aus den Zonen westlich und südlich von Karaman sein Wasser einzieht, der Calycadnus der Alten, riß Kaiser Barbarossa in seine

[1]) Vgl. Kapitel V.

Schlünde, als er neben seinem Heer, das die antike Brücke bei Selefke überschritt, seine brandenden Fluten zu Pferd durchqueren wollte.

Damals, zu später oströmischer Zeit, waren die Zonen der Südumrandung Kleinasiens noch dichter besiedelt. Das Zerbrechen des morschen Byzanz lieferte die Christen dieser Gaue, die griechischen sowohl wie die des Kleinarmenischen Reiches, der Bezwingung durch türkische Nomaden und durch die Sultansmacht von Konia und von Stambul aus. Heute sind die langgestreckten Randgebirge zwischen der kilikischen Ebene und dem Gestade bei Rhodos samt ihrem seendurchsetzten Hinterland ein stilles Gebiet, in dessen freien Gauen und einsamen Hochweiden sich oft nur die Nomadenscharen tummeln, Jürücken, Turkmenen und die kaum seßhafteren Kisilbaschen und Tachtadschis. Auch als Alexander von der Küste bei Adalia senkrecht hinaufzog durch das Seengebiet dieser Zone bis in die Angora-Gegend, um von da durch die Steppe und über den Tauruspaß der Kilikischen Pforten ans Meer bei Tarsus zurückzukehren, als die Kreuzfahrer um die gefürchteten Durststrecken der zentralen Salzstrecke (Tus Tschölü[1]) zu vermeiden, durch eben diese Berg- und Seengefilde ihren Marsch nahmen, herrschte in diesen Gegenden ein regeres Leben als heute. Die Kreuzfahrer stießen wohl auf ihre letzte historische Blütezeit; es war die der prachtliebenden Seldschukenfürsten von Karaman und Konia, die auch Beyschehir und Egerdir, die lieblich gelegenen Uferstädte zu Verkündern der einzigartigen Baukunst dieser Sultane machte.

Nicht nur diese Städte an den Rändern der Seen, auch ihre Inseln sind durchsetzt von Ruinen seldschukischer und früherer Zeiten,

---

[1]) Vgl. Kapitel V.

selbst in den äußeren Zügen heutiger Bevölkerung, so weit sie seßhaft ist, liest man die Geschichte vom Wechsel der Herrscher, von Kampf und Überflutung, von Blutmischung und Aufsaugung oder auch von Bewahrung und Anpassung. In manchen kleinen Siedlungen dieser Landschaft bekennt sich zäh erhaltenes Griechentum des Blutes fanatisch zum Islam; an anderen Orten wieder, hat sich — bis zum Befreiungskrieg — neben griechischer Schrift auch der griechische Kult unter den sonst restlos angenommenen türkischen Sitten erhalten.

Dem Wirtschaftsleben haben diese stillen, heute abseits aller Heerstraßen gelegenen Lande nicht allzuviel zu bieten. Nur eine Verdichtung der Bevölkerung und große, kulturfördernde technische Bauten könnten eine Neubelebung zeitigen in den verzweigten Talsenken, die, trotz aller bergischen Zerklüftung ringsum, mit 800—1000 m Höhe über dem Meere die Konia-Ebene nicht überragen, ja, teilweise dahinter zurückbleiben. Wohl noch für lange Zeit werden hier in den Ausläufern des Taurus, in den Hochweiden südlich Karaman, in den starken Bergzügen westlich Ermenek und auf den Ketten der Seezone die Wanderstämme mit ihren Gewohnheiten sich erhalten, die einst den Herren von Konia und Karaman ihre Fürstengeschlechter gaben, und denen auch Ertogrul und sein Haus, die Herrscher von Brussa, Adrianopel und Stambul entstammen.

So sehr sich, zumal dem Europäer, die Erscheinung der anatolischen Nomaden als ein ernstliches Kulturproblem darstellt und so bedeutsam ihre bunten Scharen für das äußere Bild Anatoliens sind, so darf man diese Frage doch nicht überwerten, davor warnt schon die Gesamtzahl der schweifenden Völker, die im ganzen Lande keine halbe

Million erreicht. Ethnologisch wie geschichtlich aber geben diese Horden lebendigste Anregungen. Ihre Begegnung vermittelt dem Fremden wie dem Großstadttürken spontane unverwischbare Eindrücke aus vergangenen Jahrhunderten. Wer diese Nachfahren biblischer Hirtengestalten recht betrachtet, nehme er sie nur als buntes Bild, oder sei er sich bewußt der tiefen ungeklärten Fragen ihrer Zusammengehörigkeit, Herkunft und Verwandtschaft, auf alle Fälle empfindet er, hier auf anatolischer Flur, daß versunkene Jahrhunderte, ja Jahrtausende ihn anschauen mitten in sich entfaltender Neuzeit, oft nur wenige Stunden entfernt von pfeifender Eisenbahn und von Werken der mit leiser Hand ins Land hineingreifenden westlichen Industrie. Der geheime Reiz des Türken Heimatlandes dem unbewußt auch der nicht Gelehrte, der Ingenieur, der Tourist in Kleinasien unterliegt, offenbart sich auch hier. Nicht nur fremdes Land gilt es zu schauen in den Schluchten und Bergen, auf Almen und Steppen, an gewaltigen Steilküsten, verwehte Zeiten, ungekannte Epochen sprechen zu uns auf Schritt und Tritt in diesem eigenartigen Land buntester Menschheitsgeschicke. Der Wissenschaftler jedoch, der Forscher, wird die Stunden ergreifen um mit Faustischem Fühlen, mit Wagnerschem Entzücken in den Seiten der Völkergeschichte zu blättern, die ein seltsames Geschick hier in unmittelbarer Nähe Europas vor ihm aufgeschlagen hält.

Sie sind nicht wegzudenken aus dem Bilde Anatoliens diese zähen Zeugen entschwundener Zeiten und Entwicklungen. Wenn vormals der gebildete städtische Türke und vornehmlich jener Europa anhimmelnde Jungtürke sich von diesen Urbildern des „noch nicht zivilisierten Anatoliens" stolz abwendete, so tat er es mit aus Ärger über das romantische Schwärmen der Westländer, das ihm in unbegreiflichem und wohl nicht ernst gemeintem Gegensatz zu stehen schien mit dem sonstigen Wesen Europas. Heute hat eine andere Auffassung Platz ergriffen. Mehr denn je besinnt man sich auf die Bedeutung alttürkischer und türkisch-mongolischer Tradition und erblickt in allen Kräften, die aus der östlichen Urheimat abgeflossen sind oder noch fließen eine unersetzliche innere Stärkung des nationalen Volkstums gegen den vielfältigen Ansturm des Westens. Vielleicht liegt im Ansiedlungsproblem der Türkei-Nomaden neben dem ethnologisch wirtschaftlichen Element, noch ein ethisch-kulturelles, das einmal im national-asiatischen Leben der Zukunft fruchtbar wird. Die Regierung läßt sich keine Mühe verdrießen, dieses Programm langsam und sicher der Reife entgegenzubringen, die in bewußtem Asienstolz erfolgt. Die leise, kluge Arbeit, die hier bevorsteht, ist weit entfernt vom einstigen politischen Panturanismus jungtürkischer Führer, der auf eine Waffenherrschaft im Osten zielte, aber sie setzt dennoch in neuer Weise fort, was Seldschukenfürsten mit ihrem Einbruch in Kleinasien begannen, was die jungen Osmanen der Brussaer Zeit für seinen Westen schon durchführten, und was das 14. Jahrhundert unter Selim I. und seinen Nachfolgern zu vorläufigem Abschluß gebracht hat.

Zäh fließen trotz des oft so weitleuchtenden Herrscherwillens und trotz gehäufter Machtfülle, die Entwicklungen in Anatolien. Die Berge sind es mit ihren schweigenden, menschenverbergenden Gründen, die gleichsam auch dem Gang der Geschichte ein Wehr zu setzen wissen. Wie wir sahen, haben erst die Zeiten Sultan Abdul Hamids, ja vielleicht erst das Frühjahr 1925 mit Gefahren aufgeräumt, die aus den politisch selbstherrlichen Träumen turkmenischer als auch kurdischer Gaugrafen geflossen sind. Ein Beweis, daß hier ein Abschnitt erreicht ist, der jener neuen Entwicklung Schwelle sein kann, bietet neben dem Sieg über die Kurden (1925) die rasche Pazifizierung des Landes, die die Angora-Regierung im Jahre 1923 vollzog, als nahezu die gesamten Berge Anatoliens von kühnen Räuberscharen durchzogen waren. Aus Deserteuren des Weltkrieges, aus versprengten Banden des nationalen Kampfes, aus Putschisten im Solde der Entente hatten sie sich zusammengezogen, aus jenen Vielen, denen es am Wollen und Vermögen gebrach Karabiner und Dolchmesser wieder mit dem Gerät friedlicher Arbeit zu vertauschen.

Nur wenig größere Siedelungen sind in diesem süd-anatolischen Gebiete vorhanden. Die Küstenschiffahrt einstiger Zeiten, die mit dem Verkehr kleiner Fahrzeuge von Ort zu Ort manchem Küstenstädtchen Verdienst und Ausbaumöglichkeit gab, ist überholt durch den neuzeitlichen Großverkehr, der an wenigen Brennpunkten und mit ungleich gesteigerten Mitteln Handel und Wandel zusammenfaßt. Zwischen den Hauptstationen Mersina und Adalia sind Selefke, Tschorak-Anamur und Alaja die etwas wichtigeren Orte. Im letzteren, das etwa 30000 Einwohner zählt, zieht sich auch heute noch der wesentliche Handelsverkehr des weiten Hinterlandes zusammen. Holz, Korn, Baumwolle und Leder sind die hauptsächlichsten Ausfuhrartikel eines Gebietes, das mehr wie andere der Straßenanlagen entbehrt. Westlich Adalia bis zur Bucht von Kos ist das Küstenleben seit langem schon überholt durch das Leben der Inseln. Rhodos[1]) ist die überragende Siedelung und unmittelbar an der hochgipfligen

[1]) Seit 1912 italienisch.

mächtigen Ausbuchtung zwischen der Makri-Bucht und dem Golf von Adalia konzentriert Kastelorizo den Schiffs- und Warenverkehr auf sein stadt- und burggekröntes Eiland.

Der landschaftliche Charakter dieser Küsten ist prächtig. Mit den klaren Linien der waldlosen Höhen erwecken sie die Erinnerung an hellenische Gestade und jonische Inseln, zu deren Gebiet sie ja langsam hinüberleiten. In den unteren Teilen und an dem mächtigen Vorsprung des Kastelorizo-Hinterlandes wuchert ein verschwenderischer Pflanzenwuchs. Blühendste Landschaft ist hier entwickelt. Dunkles Laub von Orangen und Granatäpfeln wechselt mit dem helleren der Reben und Prunusarten, mit Pappeln und Weidenbäumen, während in den Höhenzonen mächtige Tannen und prachtvolle Zedern ihre Äste in den Himmel strecken. Zwischen gartenartigen grünen Paradiesen springen wieder grelleuchtende Kalkfelsen weit ins Meer vor und flankieren Buchten, in die Bergwässer steil herunterstürzen, und deren kühle Höhlung für das Spiel von Nixen und Najaden geschaffen scheint, die hier dem allzuheißen Hauch des Tagesgestirnes sich entziehen. Kahlheit wechselt mit Üppigkeit, fiebergefährliche Einsenkungen mit windumwehten gesünderen Höhenlagen, ja man sagt, daß fast alle Klimate der Erde auf engem Raum zusammengedrängt sind hier zwischen dem azurblauen Wasser und den über 3000 m aufsteigenden Bergen, deren Gipfel in der Hauptkette bis auf 49 km und in den Vorketten des Tachtali Dagh bis auf 15 km an das Gestade heranrücken.

Für ein auswandererkräftiges Land wie beispielsweise Italien lägen bei planmäßiger umsichtsreicher Besiedlung hier wohl schöne Möglichkeiten verborgen, und offen hat sich im Sèvres-Vertrag die von den Türken längst erkannte politische Begehrlichkeit des Apenninenlandes enthüllt. Eisenbahnplänen, die von Adalia bis ins Seenland hinaufleiteten, hat sich die Pforte mit der ihr eigenen Widerstandsgabe entgegengestemmt. Aber die Annexion von Rhodos im Balkankrieg durch Italien hat niemand hindern können, und selbst als das mit den Verbündeten vereinbarte Projekt[1]) eines Mandatsgebietes, das bis nach Konia sich erstreckte, im Befreiungskrieg schmählich zerschellt war, hat in endlosen Verhandlungen Mussolinis Politik doch wenigstens das Eiland von Kastelorizo sich zu sichern gewußt, zum begreiflichen Unmut der Türken, die hier in Gewehrschußnähe den alten zähen Wirtschaftsanwärter und den Waffenfeind von 1912 und 1915—22 sich gegenübersehen.

Nicht nur diese Küste ist schön in ihren starken Noten von Luft, Wasser, Fels und Land, von aufsteigenden Koniferenwäldern und weich sich wiegenden Palmenschäften. Auch das Seengebiet des Hinterlandes entschleiert hohe Reize mit seinen bald hügeligen, bald steil gestalteten Ufern und den zwischen die Berge hineinflutenden zungenförmigen Kulturflächen. Nicht zuletzt spricht zum Beschauer die Einsamkeit dieser Gestade, durch die, auch ohne Nomadenzüge, Bilder bunter Vergangenheit schreiten, da wo etwa ein byzantinisches Gemäuer, die Klosterruine einer Insel oder die verfallende Portalwand einer seldschuckischen Moschee die Phantasie in Schwingung setzt.

Auch geologisch und hydrographisch sind diese Seen interessant. Angesichts der gewaltigen Ödfläche des so nah gelegenen zentralen Steppenplateaus lockt das verschwenderische Naß des Konia über-

[1]) Das sogenannte Dreiteilungsabkommen v. August 1920.

höhenden Bodensee-großen Egerdir-Sees und Beyschehir-Sees zu Bewässerungsprojekten. Und tatsächlich ist es gelungen den letzteren mit seinem Nachbar dem Soghla-See zur Bewässerung von 50000 Hektar der Koniaebene heranzuziehen. Die Höhendifferenz zwischen dem Seenspiegel und der bewässerten Flur beträgt etwa 120 m. Die anderen Seen, so der von Egerdir, von Buldur, ferner der Adschitus und der eng eingebettete Kestel-See liegen dem romantischen Bergcharakter der Landschaft, in die sie gebettet sind, zum Trotz noch unter dem Niveau der Koniaebene. Nur der wesentlich weiter südlich gelagerte Söghüd-See überhöht noch das Beyschehir- und Soghla-Plateau. Die Forschungen, die notwendig waren, für den mächtigen Bau, den mit etwa 19 Millionen Mark die deutsche Firma Holzmann in 4 Jahren errichtete, mit seinen großen Kanälen, Seesperren (Beyschehirsee), Umleitungen (Soghlasee), seinen vielen hundert Verzweigungen, seinen Deich- und Verbindungsstraßen, seinen Brücken, seinen Wachhäusern und Telegraphenanlagen haben manche Geheimnisse, die Konia-Ebene und Seenplateau verbinden, aufgedeckt. Das Spiel der geologischen Gewalten hat es gefügt, daß auch diese Bergseen im Charakter nicht so viel verschieden sind von den Reliktenseen der Salzsteppe, dem großen Salzsee und den anderen bei Kaisari, Eregli und bei Akschehir, welch letztere nur durch den gewaltigen Riegel des Sultan Dagh von den Bewässerungsseen geschieden sind. Es sind sämtlich Becken, die je nach dem Untergrund süß oder bitter, zum Teil sogar mit schädlichem Wasser angefüllt, alle einströmenden Niederschläge der großen abflußlosen Zentralzone einsaugen und in ihren flachen Schalen (Tus Gölü 1 m, Egerdir See 6 m Maximaltiefe) der Sonne zum Verdunsten darbieten. Teilweise verschwinden die Wasser auch in unterirdischen Klüften. Bei den südlicher gelegenen Seen werden sogar Verbindungen mit dem Mittelmeer angenommen. Der Soghlasee mußte solcher Schründe halber von der Bewässerung umgangen werden, in einer Anlage, die durch die teilweise gigantisch gestaltete Schluchtlandschaft seiner Nord- und Ostseite führt. Jetzt ist seine Fläche gewaltig geschrumpft, aber die ehemalige Bodenfläche bildet besonders fruchtbares Anbaugebiet für Korn und Gemüse. So ernten die Bauern der Seeumrandung seit 1914 in jedem Jahr, was sie sonst, als dankbare, schicksalsgehorsame Kostgänger der allgewaltigen Natur, nur alle zehn bis fünfzehn Jahre einmal gewinnen konnten. In noch nicht geklärter Weise folgte in solchen Zeitabschnitten jeweils nach einer Hochflut des Sees ein plötzliches, nahezu vollständiges Ablaufen. Dann eilten die Siedler herbei, um auf dem nassen Schlammgrund ihren Kohl und Gurken und Mais zu bauen, bis das nachfließende Wasser langsam wieder einen Normalstand schuf. Eine Staumauer aus alter Türkenzeit am Südende des Sees, eben wo bei Arwan die Klüfte sich deutlich abzeichnen, zeugt von den stärkeren und reicheren Zeiten, die hier vorbeigewandelt sind, und die für Kulturarbeiten größeren Ausmaßes noch eigene Mittel besaßen.

Noch sehr lange wird es dauern bis in diesen Gefilden eine wohl lohnende aber kostspielige Wasserverteilung die Schatten mildert, die die eigenartige abflußlose Zone Anatoliens über die Salzsteppe wie über die Berg- und Seenlandschaft im südwestlichen Kleinasien gebreitet hat.

Modernes Leben hat sich bis jetzt diesem Seengebiet nur von einer Seite zuwenden können, vom Westen. Der europäisch-griechisch beeinflußte, mächtige Herzschlag des breiten Vorkriegs-Smyrnagebietes hat im Mäandertal die französische Bahnstrecke hinaufgetrieben bis zum Adschitus- und zum Egerdir-See, wo sie endet. Ein Zweigstück führt noch zu den Bitterseen nördlich des Adschitus auf dem fruchtbaren Plateau von Tschiwril. Die bedeutenden Orte dieses Bahnsystemes sind Buldur am gleichnamigen See und Isparta, beides Städte der Teppichweberei und der Rosenölfabrikation, der Lederindustrie und der Leinwandweberei, und Diner. Hier, im Gebiet von Adschitus und Tschiwril, beginnt wieder das abfließende Land. Die mächtigen Gewässer des Menderes (Mäanders) von Westen und des Dalaman Tschai von Süden strecken ihre feinen Verästelungen auf diese Plateaus, und bei Denisli beginnt dann der fruchtbare Talcharakter des großen, blühenden Mäandertales mit seinen üppigen Siedlungen und verschwenderischen Kulturen mit allen Attributen der regengesegneten anatolischen Landschaft. Es ist wohl natürlich, daß erste Bahnlinien eines noch bahnlosen Landes vom Meere heraufsteigen, aber für ganz West- und Südanatolien haben die Türken im aufsteigenden bahngeförderten Wirtschaftsleben der Vorkriegszeit die über Finanz und über Technik lastende Hand des europäischen Großkapitals verspüren müssen, hinter dem politische Hoffnung marschierte. Alle die Zonen, in welche die Bahnen vorausgeeilt waren, die schnitten die Mandate des Sèvres-Vertrages aus dem national-türkischen Heimatboden heraus. Ja Italien erhielt selbst da seinen Teil, wo es noch nichts hatte vortreiben können als sein oft erörtertes Projekt des Schienenweges Adalia-Isparta. Heute ist auch der wirtschaftliche Angriff auf dem Festland abgeschlagen durch die Konzessionsrevisionen, die der Lausanner-Vertrag den Türken gesichert hat. Nur auf den Inseln vor der Küste, da, wo die Bergketten ausstrahlen, die die Küstenflut beim Einbruch vor Jahrtausenden unterbrach, da sitzt der Feind von gestern angefangen bei Cypern über Kastelorizo bis Rhodos, Mytilene und Lemnos und richtet sein begehrliches Auge auf das schon erhaschte und doch wieder verlorene Gebiet, über das sein Mund liebevollen wirtschaftlichen Hebungswillen ausschüttet, während Bankwelt und Diplomaten einem letzten Traum von einem vielleicht doch möglichen „finis Türkiae" im innersten Herzen nachhängen.

KAPITEL VIII

JONIEN, VON DER MARMARA ZUM MENDERES

Mit Denisli im Oberstromgebiet des Menderes, des alten Mäander, haben wir ein Gebiet von ganz besonderer und von hervorragender Stellung im Leben Anatoliens betreten. Die Segnungen fruchtbarster breiter Talniederungen, regenbeschenkter Höhenzüge sind ihm eigentümlich. Erforschte Bodenschätze, Chrom, Magnesit, Borazit, Blei, Kupfer und Schmirgel sind zum Teil seit dem Altertum bedeutsam für die Bildung von Siedlungszentren auch außerhalb der Hauptanbauflächen. Selten schöne Landschaftsbilder an der reich gegliederten, inselverschönten Westküste und die Spuren der unerreichten Kulturperiode der Antike in der Gestalt wiederaufgedeckter machtvoller Arena- und Tempelanlagen; das sind die Hauptzüge dieses Landes, das sich von der Marmara zum Menderes erstreckt und auch noch südlich darüber hinausgreift bis etwa an die Bucht von Kos und den Sandiras Dagh, wo sich dann die Wasser scheiden, die nach Süden in das freie Meer oder nach Westen in die blaue Inselflut abfließen. Kein anderes Gebiet Anatoliens mit Ausnahme vielleicht des enger umgrenzten Adanalandes atmet in so breiten Zonen Fruchtbarkeit und Arbeit, Streben und Gedeihen. Aber kein Gebiet spricht auch so von Kämpfen um seinen Besitz, vom Ringen zwischen Orient und Europa wie dies vom Griechentum zäh gehaltene jonische Land.

Künden uns auf der einen Seite die geweihten Trümmer von Troja-Hissarlyk (am Dardanellenausgang), von Pergamon (das heutige

Bergama im Tal des Bakyr Tschai), von Sardes (zwischen Magnisa und Alaschehir nahe südlich der Bahn), von Ephesus (unweit Aidin an der Küste), von Priene und Milet (am Auslauf des großen Mäander) von den Zeiten unangetasteter Führerschaft und Besitzrechtes des arischhellenischen Westens, so berichtet andererseits das grausige Brandmal im schimmernden Antlitz des „griechischen Smyrna" von noch nahen Tagen, in denen in Rauch und Flammen der letzte Machttraum des Jonier- und Hellenentumes zu Grunde ging. Heute trauert ein geschlagenes Volk um den Verlust einer über hundert Stürmen der Zeit behaupteten Bastion. Und mit ihm trauern die Mächte, deren kapitalistischen Kräften die klassische Kultur und ihre Denkmale so recht zu paß kamen, um die nüchternen Ziele der Wirtschaftsexpansion und der finanziellen Eroberungen im Lande Homers in ein reineres idealistisches Licht zu stellen. Das türkische Auge sah diese Dinge stets ohne Romantik, und das türkische Herz krampfte sich darum zusammen beim Anblick dieser lachenden, reichsten Gefilde, der türkischen Halbinsel, die da blühten und emporstiegen unter spatenschürfender Enthüllung des alten und unter Freiwerden, Reichwerden und Kühnwerden des sich spreizenden neuzeitlichen Griechentums. Ob die Türken gewußt haben, daß aus der geologischen Struktur Westanatoliens schon eine ganz andere eine „hellenische" Artung spricht als die des übrigen Türkenlandes, mag dahingestellt sein. Jedenfalls aber wußten sie, daß dies Westanatolien ein Land war, das vor sechs Jahrhunderten der Säbel ihrer ersten Sultane in einem einzigen Anlauf unterwarf, und daß daraus ein unbestreitbares Recht der Macht erstanden ist, das an anderen Stellen des Erdballes niemand so zu vertreten pflegt wie eben die

Großmächte, die sich hier des Griechentums bedienten, um den Abfall dieser Landesteile vom türkischen Staate vorzubereiten. Griechenland und hinter ihm das den Marmarazugang erstrebende England, Frankreich und Italien waren die Mächte, die hier Anwartschaften erhoben, und deren Streben der Sèvres-Vertrag und andere geheime Abmachungen jener bewegten Zeiten deutlich entschleiert haben. Amerika, dessen religiös gefärbte Propaganda mehr den armenischen Gebieten und andererseits der syrischen Küste sich zugewandt hatte — als zwei Nachbarzonen des Mossul-Petroleumlandes —, stand von ferne und schüttelte den Kopf über die europäische Uneinigkeit, die das Einheimsen einer scheinbar so sicheren Beute mißraten ließ.

Den Türken aber will man verübeln, daß das Erkennen der nahen Todesstunde sie zum Sturmlauf rief, der im Herbst 1922 die lange Linie vom Sakaria bis zum Sultan Dagh in einen großen siegreichen Fronteinbruch verwandelte und mit gigantischem Besenstoß das griechische Element in Smyrna wie im Norden in Panderma und Mudania auf Schiffe und Meer zurückwarf.

Die Zahlenverhältnisse des großen Geschichtsumschwunges, der in diesem Lande jetzt eben vor sich gegangen ist, sind nicht geklärt, und die Statistiken der Griechenfreunde und des türkischen Staates divergieren. Während es feststeht, daß die Gesamtzahl der Griechen, die in Auswirkung des Lausanner Vertrages türkischen Boden verlassen mußten etwa 4/5 Million gewesen ist, (gegen annähernd $^1/_2$ Million Austausch-Türken aus griechischem Territorium) zählen die türkischen Vorkriegsstatistiken das Griechentum für diese dichtbesetzten Küstenstriche von Soma — Bergama bis Denisli im einzelnen nur mit Prozentsätzen zwischen 1 % und 26 %. Auch die städtische Bevölkerung Joniens zeigt ein Maximum (in Magnisa) von nur 28 %. Diese Sätze würden sich wohl etwas erhöhen, wenn die zahlreichen Griechen, die hellenische oder irgend eine andere fremde Staatsangehörigkeit erworben hätten, nicht in gesonderter Sparte als Ausländer geführt würden. Trägt man auch diesem Umstand Rechnung, so wird doch der Satz von 35 % für das Griechentum höchstens in Smyrna überschritten werden. In den Rest der statistischen Gesamtzahl teilten sich Türken, Juden und Armenier.

Es liegt auf der Hand, daß die Erzählungen von der Leerung des Landes und von einer voraussichtlichen Zurückrufung der griechischen und armenischen Bevölkerung, die von den Enttäuschten des Lausanner Vertrages lange Zeit geflissentlich und nachdrücklich verbreitet wurde, in das Reich der Fabel gehören. Nicht nur zahlenmäßig sind sie unberechtigt, sondern völliger Mangel des Grundverständnisses für den erschütternden Kulturkampf, der hier eine neue Phase erlebt hat, spricht aus ihnen. Freilich, das griechische Element stand deshalb weit über seine zahlenmäßige Bedeutung im Vordergrunde, weil es in Flur und Stadt das betriebsamere, das fortschrittlichere und das erfolgreichere Wirtschaftselement darstellte. Es teilt — für das Handelsleben der Städte — diese Eigenschaften mit dem Judentum Smyrnas. Warum sind indessen die Türken nur mit dem Griechentum in Konflikt geraten, und nicht mit den Israeliten, deren Geschäftsgewandtheit und Erfolge sie in den Augen des Volkes doch eben so leicht zu Ausnutzern und Aussaugern stempeln konnten? Hinter der jüdischen Geschäftstätigkeit hat niemals politische Machtgier gestanden, und so konnte einst schon die alte ritterkühne Türkei sogar ein Zufluchtsland sein für Zehntausende von Juden, die der Bedrückung und den religiös-fanatischen Massakers in den christlichen Ländern entflohen. Auch heute, wo man die neue Türkei eines rabiaten nationalen Puritanertums verdächtigt, ist das jüdische Element Smyrnas voll anerkannt und geachtet im Dienste des Wiederaufbaus. Jenes Odium des Fremdtums, das über Armenier und Griechen hinaus beispielsweise auch die Tscherkessen, gelegentlich auch einmal Bosniaken und Albaner gestreift hat, ist nur abhängig vom Fluidum politischer Intrigue, das das betreffende Volkstum in sich trägt oder vorübergehend auf sich zu nehmen sich vermißt, wenn die Lockungen türkeifeindlicher Agenten gar zu bedeutsam scheinen.

Einer langsamen Eroberung, einem zwangsläufigen Hinaufsteigen, einem kulturellen Durchdringen bietet sich in der Tat das Westanatolische Land gerade durch seine geographische Gestalt nur allzusehr dar. Überall sonst stehen hinter den türkischen Küsten mächtige Bergriegel, eine Sperre so gut gegen menschliches Vordringen wie gegen Seewind und Wolken. Hier aber, vom Sakaria — und Pursakland an und von der Seenplatte südlich des Sultan Dagh senkt sich Anatolien in großen wogenden Wellen aus seiner 1000 Meter-Höhe allmählich herab zum rauschenden Meere. Für die Seeluft und ihre Niederschläge liegt es offen sowie für den Einstrom fremder Völker, die in den Buchten der Küste seit alters an das Land stiegen. Wie die sinkenden Ketten dieser Berge auf den großen vorgelagerten Eilanden sich fortsetzen, so steigen zwischen ihnen, an die breiteren Buchten sich anschließend die großen Täler bis zum Plateau hinauf, in denen das gesegnete Klima die Fruchtgärten und Kornflächen der Küstenlandschaft weit in das Innere fortsetzt, während bald enger gedrängt, bald in loser Sprenkelung Föhren- und Eichenwaldungen sie auf den Höhen begleiten.

Im Golf von Adramanti öffnet sich das Tal, das zu dem breiten auf rund 300 m gelagerten Zwischen-Plateau von Balia und Balikessir hinaufführt. Hier schon beginnen die lockeren Eichenbestände, die sich über flache Rücken und durch sanftere Talmulden hie und da auch durch eine niedrige felsige Schlucht fortsetzen bis in das Gebiet des Sandiras Dagh im Süden und bis zum inneren Plateau (dem von 1000 Meter) bei Eskischehir, Kutahia und Afiun Karahissar. Mächtig ergänzen diese Berghalden den strömenden Obstexport der breiten Talbänder durch die Erzeugnisse der Viehzucht und durch die Gerbeicheln, die Valonea oder Knoppern, die wallnußgroßen, zackigen Eichelschalen, die den eigentlichen Gerbstoff enthalten. Lange Kamelkarawanen bringen diese zur Küste hinab, während die Eicheln selbst nicht verwendet werden.

Im Golf von Tschandarly mündet das Tal des Bakyr-Tschai, an dessen Nordhang der betriebsame Marktflecken Bergama neben dem vereinsamten Stadtberg mit den majestätischen Anlagen des antiken Pergamon seinen Platz gefunden hat. Im weiteren Hinterland liegt hier Soma, auf demselben fruchtbaren Plateau das Balikessir trägt. Hier mündete bis 1912 die Bahn, die den Export dieser Zone nach Smyrna befördert. Erst 1912 ist die Linie nach Norden fortgesetzt worden, bis nach Panderma am Marmarameer, wodurch gleichzeitig die schnellste Verbindung Smyrnas mit Konstantinopel geschaffen ward.

Nördlich Smyrna, aus breitem Schwemmland aufsteigend leitet das Tal des Gedis Tschai über nach Manissa (Magnesia) nach Alaschehir. Auch hier war eine Fortführung des Schienenstranges zunächst nicht geplant. Die von England und Frankreich errungene und durchgeführte Konzession bedeutete keine Bahnbauten „für" Anatolien oder „für" Konstantinopel. Loslösung von der Zentralgewalt, das war die Tendenz. Das als „selbständig" einst abzutrennende Smyrna mit Hinterland wurde vorbereitet, so wie es der Sèvres-Vertrag und die unter Wortbruch erfolgte Besetzung vom 15. Mai 1919 offen als stilles Programm langer Jahre bestätigt hat. Deutsche Initiative erst, ist es gewesen, die die Zusammenknüpfung des Smyrnanetzes mit dem Rückgrat der Anatolischen- und Bagdadbahn in Afiun Karahissar vollzog. Baurat von Kapp führte in den Jahren 1896 und 97 diese schwierige Linienführung aus, die 23 Tunnel und eine gewaltige Anzahl Brücken erforderte. Klar liegt auch hier das Gegensätzliche der Türkeipolitik Deutschlands und der Entente zu Tage. Die meerbeherrschende Entente schneidet von der Küste aus ihre Mandatsstücke sich aus dem Körper des Landes. Die deutsch beeinflußten Bahnbauten hingegen wollen festigen und zusammenhalten, indem sie der Zentralregierung eine rasche Verbindung mit fernen Landesteilen ermöglichten. Wäre deutsch-türkische Zusammenarbeit frei gewesen vom russischen Gegenspiel und vom englischen Haß, schon zu Beginn des Jahrhunderts wäre außer der Bahn Konstantinopel-Angora, auch die Bahn Angora-Siwas-Erserum und die Bahn Siwas-Mossul gebaut worden. Russische Diplomatie indessen legte die Faust auf das Land östlich Angora, und englische Intriguen erzwangen eine Bahnführung der „Deutschen" Bagdadtrace über Adana und Toprakale, wo, nur noch 18 Kilometer leicht gewellten Landes sie vom englischen Dominium des Mittelmeeres und seinen Dreadnoughts scheiden.

Südlich Smyrna in den breiten Golf von Skalanova gegenüber Samos ergießen sich die verzweigten Wasser des Tales von Baindir, Tire und Ödömisch, dessen reichen Obstsegen zuliebe man gleichfalls einen Zweig der Smyrnabahn hineinleitete. Schließlich liegt südlich dieses Golfes durch ein ragendes linienschönes Vorgebirge getrennt, das mächtige Delta des größten der westanatolischen Täler, des Menderes, des großen Meanders des Altertums. Hier ist die Bahnlinie am weitesten vorgetrieben, über die prächtigen Wirtschaftszentren von Aidin und Nasili bis nach Denisli und hinauf zum Seenplateau des Adschitus-, Buldur- und Egerdirsees. Kein Plan allerdings ist entworfen worden, um auch hier die nur 40 km (Luftlinie) betragende Lücke zu schließen, die diesen Endpunkt von der anatolischen Bahnlinie von Stambul, Angora und Konia vom Regierungssitz und vom türkischen Kernland scheidet.

Wundervoll ist das Leben der Vorkriegszeit in diesen westanatolischen Gebieten gewesen. Flankiert von den rauheren waldreichen Zonen, des alten Troas und Mysiens im Norden und dem stilleren nomadendurchzogenen Bergland zwischen Menderes und Sandschira in Süden, haben diese Gaue ein Leben gesehen, das sie zur bei weitem hoffnungsreichsten Zone Anatoliens, ja, der alten Türkei überhaupt stempelte. Die Exportziffern Smyrnas an Feigen und Rosinen konnten von keinem anderen Türkenhafen annähernd erreicht werden, und auch die Zahlen für Tabak und Baumwolle waren bedeutend. Weitere Erzeugnisse sind Olivenöl und sonstige Obstarten, Baumwolle und Wolle, Felle und dann Mineralien. Die bedeutsame Belebung, die Kultur und Handel in den Tälern erfahren hatte, blieb nicht ohne Rückwirkung auch auf die Höhen, wo die halbansässige und die noch schweifende Bevölkerung die Verkaufsmöglichkeiten für ihre Produkte gesteigert sah und einen entsprechenden Impuls empfing. Alle drei Zweige der Bevölkerung aber waren Hersteller der köstlichsten Teppiche Kleinasiens. Uschak, Gördes, Kula und Demirdschi sind die Namen der Orte, die einen besonderen Ruf durch ihre charaktervollen Gewebe errungen haben. An Stelle der reinen Heimarbeit ist, aber schon zu Ende des vorigen Jahrhunderts, in Städten wie Smyrna und Magnisa und auch einigen anderen, modernere Teppichherstellung mit teilweise maschinellem Betrieb getreten. Große europäische Gesellschaften befaßten sich nicht nur mit dem Handel, sondern auch mit der Herstellung der Teppiche. Vielfach erfolgte die Arbeit so, daß von den betreffenden Firmen aus ein ganzer Gebietsstreifen Aufträge für Heimarbeit empfing, die von Zeit zu Zeit von den Agenten der Firma abgeholt wurden. Neben der Bezahlung vermittelten die Agenten aber auch Teppichzeichnungen westlicher Erfindung und Herstellung und es gelang ihnen damit die freic Phantasie, in der namentlich die türkischen Webstühle so erfolgreich waren, teilweise zu unterbinden. Das Anilin mit seiner blendenden Leuchtkraft tat ein Letztes, um die alte gesunde Handwerkstradition abzuschneiden. Und so hat auf dem Teppichgebiet die wirtschaftliche Hebung des Smyrnalandes zwei Seiten gehabt: eine kommerzielle erfreuliche und eine künstlerisch betrübliche.

Gesünder war der europäische Einschlag auf dem Gebiet der Minenausbeutung. Am dichtesten in der ganzen Türkei lagen die vergebenen Bergwerkskonzessionen in der Zone der westlichen Abdachung Kleinasiens. Wie überall im Lande war nur ein Teil des Vergebenen tatsächlich im Abbau, aber dieser erfolgte unter glücklicheren Auspizien bezüglich der Verhüttungsmethoden. Das etwas ausgebreitetere Bahnnetz, vorhandene Waldbestände, Möglichkeit der Kohlenzufuhr und wie bei Balia Maden die Heranziehung von nahen Braunkohlenlagern mittels einer Kleinbahn zur Verhüttung ließen auch den Bergbau zu einem Faktor werden, der anders als sonst in Anatolien schon für breitere Kreise der Bevölkerung Bedeutung gewann.

Auch industrielles Leben hat sich über die Teppichfabrikation hinaus im Smyrnagebiet und zwar hauptsächlich in Smyrna selbst bemerkbar gemacht. Eine ganze Anzahl Fabriken standen im Dienste der Aufbereitung, der Verpackung und Versandfertigmachung der landwirtschaftlichen Exportartikel.

Fast ausschließlich war es das griechische, levantinische und europäische Element, das an diesem moderneren Erwerbs- und Geschäftsleben beteiligt war. Der von ihnen erreichte Wohlstand sprach sich aus in den stolzen Steinbauten des armenisch-griechisch-levantinischen Geschäftsviertels von Smyrna in der prachtvollen monumentalen Quaistraße mit ihren Konsulaten und Agenturen und mit den lieblichen Palmen und seewindumfächelten Villen an der unvergleichlich schönen, blauen Bucht, in Kordilio oder in Göstepe, in Budscha oder Burnabad.

Prachtvoll war und ist noch heute trotz der Brandlücke das Bild der weitausgreifenden Stadt, die zitadellgekrönt den Raum zweier Bergausläufer malerisch ausfüllt. Monumentale Steinbauten in langer Flucht am Hafen und dann die leichteren Stadtteile, das bunte Türkenviertel mit seinen Holz- und Fachwerkhäusern, die Villenorte mit dem Grün ihrer Gärten nach den Seiten sich ausbreitend und teilweise auch in Staffeln emporsteigend am sanften Fuß der Berge. Darüber erhebt sich in den verblassenden blauen Tönen der reinen Meerluft das Gefilde der mit Strauchwerk bestandenen und um die Gipfel felsigen Höhen. Hier entzückt unendliche Klarheit des Mittelmeerhorizontes mit den reinen Konturen der waldarmen Bergzüge und mit dem wunderbar durchsichtigen Schimmer der blauen Luft. Selbst der Nordländer vergißt über diesem starkfarbigen Azurglanz nach dem gewohnten Grün heimischer Landschaft zu suchen, das sich hier der Schwesterfarbe schier zu verbergen scheint. Die Dampferfahrt durch das inselbesäte Meer mit seinen romantischen Bildern mittelalterlicher Küstenstädte, tut ein Übriges, um den Reisenden erwartungsvoll zu stimmen. Es ist, als ob die Bläue der Luft, das Ametystlicht des Wassers, die vereint auch das Land in blauen Tinten schwimmen und fließen lassen, eine Welle von froher Farbe in das Herz des Beschauers senden, um ihm Frische und Freude mitzugeben für die Reise ins Innere, da wo Wasserschleier und Kühle nicht mehr hinreichen, wo dann Fels und Strauchsteppe und die wilden Klüfte Hochanatoliens ihren verschwiegenen Reiz entfalten, der dem blasierten Welttrotter ewig verschlossen bleibt. Nur Wenige allerdings von den Vielen, die durch das blaue Inselmeer fahren und angesichts der Smyrnaherrlichkeit vor Anker gehen, steigen hinauf nach dem Hochland fern jenseits der Eichwaldungen der Feigen- und Orangenhaine und der Baumwollstauden über dessen ernsteres Antlitz das großstädtische Smyrna mitleidig die Achseln zuckt. Geschäftliche Aufgaben oder das nur nippende Gesetz des Tourismus halten sie fest im Bereich des europäisierten Smyrna. Wieviel schöner genießt sich doch das bunte Bild einer abladenden Kamelkarawane, eines buntesten Transportes frisch ausgehobener anatolischer Rekruten vom sicheren Port eines eleganten Klublokales oder eines levantinischen Cafés, wie reizvoll klingen auf dem Landsitz eines Begüterten in Budscha oder Burnabad die Erzählungen von angeblichen und wahren alten Türkeisitten, von Salzsteppen und Ochsenkarren, von ersten Ausgrabungen und von Nomaden und Räubern, die in seltsamer Verschränkung der Jahrtausende hier nebeneinander stehen, — der zelthausende Jürücke der Jetztzeit und die ragenden Marmorsäulen antiker Prachtstädte aus vorchristlicher Ära. Das flottlebige Smyrna der Vorkriegsjahre war so recht der Platz, um den „bunten Orient" gleichsam vom Fenster aus zu genießen, um im levantinischen Luxus, der hier Triumphe feierte, behaglich die Phantasie zu erwärmen an den Bildern, die da als türkisch empfunden wurden, die indessen oftmals von wahren türkischem Wesen sehr wenig verrieten.

„Hier dominiert das Griechentum" schreibt der Geograph Banse. Und doch waren es nur 52000 jonische Griechen, 25000 Hellenen, 6000 Armenier, 15000 Juden und gegen 90000 Türken, die hier dieses Stück Europa im Orient, das „Giaur Ismir", das „Smyrna der Ungläubigen" leben und wirken ließen.

„Wer das Wirtschaftsleben hält, der hält das Land," so dachten die Smyrna-Griechen, so dachte Kapital und Diplomatie, die hinter ihnen stand. Anders geartet waren hier die Pläne der christlichen Minderheit als im Armenien der russischen Propaganda. Des sicheren Zugriffs europäischer Mächte jederzeit gewärtigt, enthielt man sich der Putsche und der Provokationen und wartete auf den Moment, wo Europa den kranken Mann beerben und in der Aufteilung Anatoliens auch den Griechen ihren Lohn für treue Gesinnung, treuen Türkenhaß und Verleumdung erteilen würde. Als am 15. März 1919 hellenische Truppen als Mandatäre der Entente in Smyrna ans Land stiegen, war der große Augenblick erschienen, rasch stand das ganze Gebiet in Flammen. Wo der Schutz der vordringenden Armee sich hin erstreckte, da war jetzt Gewalttat und Raub gegen die türkische Bevölkerung entfesselt. Der auf Homers und Praxiteles Schöpfungen begründete Kultur- und Herrschaftsanspruch entlud sich in Scheußlichkeiten schlimmer als alles, was griechische Verleumdung seither türkischen Eroberern angedichtet hatte. $3^1/_2$ Jahre litt das Land mit gequälter Bevölkerung, verwüsteten türkischen Obstgärten, zerstörten Städten, gesprengten Bahnanlagen unter der Kralle der haßschäumenden Eroberer, denen die diplomatischen Abmachungen der europäischen Kabinette breite Zonen als dauernden Besitz zugesprochen hatten. Da wendete sich das Blatt. Was einer europäischen oder amerikanischen Besetzung nicht gelungen wäre, nämlich Verachtung und Wut der vergewaltigten Anatolier ins Ungemessene zu steigern, das bewirkte der irrige englische Schachzug, der hier einmal an unrechter Stelle Fremdvolk und fremdes Blut eingesetzt hatte. Von dem „Giaur Ismir" trennte sich plötzlich das „Giaur"; „Türk-Ismir", „Smyrna das Türkische", war das Schlagwort der Armee, die zwischen Marmarameer und Sultan Dagh in monatelangem Ringen gegen zahlenmäßige und technische Überlegenheit standhielt. Der 25. August 1922 sah den Beginn der Entscheidungsschlacht, der 30. sah den Durchbruch, der 5. September traf die siegreichen Anatolier in Mudania, der 9. in Smyrna. Es gab keinen Hunger, es gab keinen Durst, es gab keine blutenden Wunden. Der Anblick des gebrandschatzten Landes, der verwüsteten Fluren, der geschändeten Landeskinder beflügelte den Sturmlauf.

Als die ersten türkischen Offiziere im Salon des amerikanischen Generalkonsuls in Smyrna standen, der unter der wahnsinnigen Verwirrung der letzten Tage und Stunden noch kaum begriffen hatte, welchen Umfang und Bedeutung die Katastrophe der griechischen Armee gewonnen hatte, kleidete dieser seine Verblüffung über die unbegreifliche Raschheit des Siegesmarsches in die Worte: „Aber wie, meine Herren, mit welchen Transportmitteln? wie ohne Bahn? wie ohne Kraftwagen? ohne Verpflegungszüge?" — Der Türken Einer deutet mit ruhiger Geste zum Fenster hinaus: 3 Büffelkarren, mit den alten knarrenden, kantigen Holzrändern, mit Militärgerät hoch bepackt ziehen eben am Hause vorbei: „Damit, Herr Konsul!" — „Asien gegen Europa im Erfolg!" so hieß diese Antwort.

Den Amerikanern ist es im allgemeinen noch weniger gegeben gewesen, wie der Mehrzahl der Europäer, nationales türkisches Streben, türkische Art, Sitte und Kultur zu begreifen oder gar gelten zu lassen. Die Amerikaner dürften auch heute zu denen gehören, die in dem Nichtwiederaufbau des ausgebrannten Griechen- und Armenierviertels von Smyrna ein Zeugnis türkischen Unvermögens erkennen. Ruinen aufzubauen, mit unendlichen Kosten, für die zunächst die Bevölkerung fehlt, — weil sie in Gestalt der Griechen und Armenier das Land für dauernd verlassen hat — dazu fehlt der türkischen Regierung heute jedes Vermögen. Die heutigen türkischen Smyrnaer Pläne versteht nur, wer das Hinterland bereist hat, und gesehen hat, wie dort die Regierung mit Muhadschirs, mit finanziellen und technischem Eingreifen die Kriegsschäden heilt. Trotz der noch nicht geschlossenen Lücken in den Fluren, trotz der Dezimierung des Viehstandes, ist auf manchen Sparten des Smyrnaexportes die Vorkriegsziffer wieder erreicht. Türken, Juden und levantinische Geschäftsleute, dazu auch solche Griechen, die als Engländer, Franzosen oder Italiener dreist wieder zurückgekehrt sind, arbeiten rastlos und erfolgreich am Wiederaufstieg des türkischen Smyrna, das hier für das Giaur-Ismir die Nachfolge übernommen hat.

Die „Neue Türkei" in ihrem Streben und Wollen ist vielleicht nicht leicht zu verstehen, leichter jedenfalls versteht sie der, der sie vom Hinterland oder von ihren Herzgebieten aus bereisen kann, und der von urtürkischer Landschaft und Lebensweise aus den Zonen sich naht, denen die technisch-finanzielle Invasion des 19. Jahrhunderts jenes Europa-ähnliche Gesicht gab, das nun zur Übergangsphase geworden ist. Wer dieses Leben kannte und liebte mit seinem deutlichen Ruhm einziehenden europäischen Unternehmertum und Luxus, der hat erst viele Enttäuschungen zu überwinden, ehe er das alte Ideal einer so gearteten Wirtschaftssteigerung zu opfern versteht, zu Gunsten des neuen nationalen Ideals, das türkisches Recht und türkische Nation zu Eckpfeilern macht und mit neuer Türkisierung sich an die Stelle des einstigen Wirtschaftsprogrammes gesetzt hat. Wer jedoch die Kraft kennt, die die neue Türkei aus Trümmern und Tränen emporhob ans Licht, die Kraft die heute in allen Städten des Hinterlandes pulst, der weiß, daß gerade in diesen zur Zeit noch leidenden Landeszonen das Türkentum den größten Rassenerfolg verzeichnet hat seit sechs Jahrhunderten, seitdem Sultan Murads und Bajesids Scharen von hier, vom Dardanellenufer aus, die Brücke spannten zur Eroberung des Balkan und der Welt.

KAPITEL IX

DIE INSELN

Was von den schönen Formen und Farben der west- und südwestlichen Küste Anatoliens gesagt ist, das gilt auch von den Inseln, die dieser Küste vorgelagert sind, die ihre Gebirgszüge fortsetzten, die in ihre Buchten eindringen, oder in kühnen Auftürmungen wie Pfeiler von Prozessionsstraßen die Ketten der Berge ins Meer hinaus verlängern; sie gehören zum Festland, das sie nach Westen fortsetzen bis zu den anderen Küsteninseln, den von Hellas.

Sind beide Gebiete, Kleinasien und Griechenland, politisch in einer Hand vereint, wie es während der Zeit der türkischen Machtblüte der Fall war, dann brandet kein Grenzkampf um ihre Gestade; sind aber zwei oder mehr Herrschaften zu scheiden, so entsteht um sie und um ihre Zuteilung, ein schwieriger Komplex von Fragen, gemischt aus völkischen und religiösen, aus historischen, strategischen und auch wirtschaftlichen Gesichtspunkten, der notgedrungen die Waffen zur Entscheidung ruft. Heute sind von den Inseln, um die die entbrannte Kampfesflamme nicht wieder erloschen ist, nur noch die drei unmittelbar am Dardanellen-Ausgang im Besitz der Türkei; nämlich Imbros Tenedos und die Towschan Adalari, die ganz kleinen Haseninseln; aber gerade darum haben auch die anderen gesteigerte Bedeutung für die türkische Wirtschaft und Politik.

Die Ereignisse der Jahrhunderte haben die Inseln gezeichnet. Selbst ohne geschichtliche Kenntnis liest man aus ihren heutigen

Zügen von Kämpfen und Zerstörungen, und vom Vergehen einstiger Größe und Blüte. Melancholisch könnte der Anblick dieser Eilande stimmen, die von gütiger Natur verschwenderisch gesegnet wurden, die aber der Menschen Gier und Kampf, in wilde harte Schicksale hineinstieß. Jedoch die Gaben, die die liebenden Gestirne auch heute noch spenden, unbeirrt um den Gang menschlichen Geschehens, hüllen ihr schimmerndes Gestade und ihre in allem Duft so klaren Berglinien in jenen blauen Zaubermantel, der immer aufs neue das Entzücken derer bildet, die dieses Sonnen- und Inselmeer befahren. Tief eingeschnittene felsige Buchten bilden prächtige Häfen, und die hohen Klippen, die sie umranden, laden ein zum Bau starker Festungen, die so ein Eiland dann zum unbezwingbaren Reiche stempeln können. Wie zäh hat sich auf Cypern die Herrschaft des christlichen Königshauses der Lousignan erhalten, über drei Jahrhunderte der Kreuzzugszeit. Wie fest haben Venezianer und Genuesen, die vorbildlichen Schlösserbauer, diese bewaffneten Stützpunkte ihres weltgehenden Handels in der Faust bewahrt. Welchen Ruhm hat an Rhodos die Ritterschaft des Johanniterordens in zwei kampfreichen Jahrhunderten auf sich gehäuft, bis sie 1522 dem Ansturm der Heere und Flotten Sultan Selims II. erlagen. Auf Cypern, auf Rhodos, Kos, auf Samos, auf Pathmos, Chios, Mytilene, Tenedos und Imbros, allenthalben im türkischen Archipel wie auch im hellenisch-griechischen befinden sich diese Bollwerke; gigantische Baumassen mit hie und da noch unzerbrochenen Mauerlinien, die sich hoch herausheben über das Gewürfel weißer, flachdachiger Stadtsiedelungen, über Feigen- und Olivengärten und über die ragenden Spitzen schwarzer Zypressen.

Keine der Inseln hat die Bedeutung annähernd behauptet, die ihrem blühenden Wirtschaftsleben einst zukam, in den Zeiten, in denen mitten unter Kampfgedanken und fortschwelenden politischen Ambitionen einigermaßen stabile Handelsbeziehungen bestanden. Neben den Kriegen und der Politik hat auch das große Geschehen der Weltwirtschaftsgestaltung die Umlagerung der finanziellen Machtzentren ihren Einfluß geübt, ebenso unerbittlich und verhängnisvoll an vielen Stellen, wie eine Brandschatzung durch türkische Sieger oder eines der furchtbaren Erdbeben, die immer wieder einzelne Städte heimsuchten. Die großen Städte aller Inseln nah am türkischen Festland sind nach innen gekehrt, nach den schmalen, gewundenen Wasserstraßen, die sie vom Mutterland trennen. Eng war hier das feine Netz der örtlichen Handelsbindungen gesponnen neben den stärkeren Fäden des großen Verkehrs, der von der Levante nach dem Westen nach Genua und Venedig leitete. Seit langem sind diese Verbindungen eingeschlafen und heute bedarf es ernstlichen Willens, um abseits der Touristenlinien nur einen Besuch selbst der größeren der Inseln durchzuführen. Seit ihrer Eroberung durch die Türken im 15. und 16. Jahrhundert sind die Inseln gemischt bevölkert. Zum zäh sich anklammernden Griechentum trat das Türkentum hinzu, das auf einzelnen Inseln, so auf Rhodos, sogar die numerische Überlegenheit gewann. Heute sind die Inseltürken in Auswirkung des Lausanner Vertrags nach Anatolien verpflanzt. Ungebunden, unbedrückt, unbedroht vom Waffenzorn türkischer Heerscharen träumen die Eilande den langen Traum weiter von einstiger Größe und vom unentfliehbar gewendeten Wirtschafts-Schicksal. Nur militärisch politisches Interesse wird an einzelnen Punkten größere Energien zusammenzuraffen wissen, so vor allem das Wirken der noch nicht gesättigten italienischen Expansionslust im geraubten Dodekanes.

Wohl niemand hat besser wie Gobineau in einer seiner „asiatischen Novellen" den Reiz verkündet, der mancherorts auch über das Wesen dieser weltfernen Insel-Bevölkerung gebreitet ist. Wirkt an den heutigen Brennpunkten des Handels und im Gewoge gegenwärtiger Politik das Griechentum im Allgemeinen wenig erfreulich mit seinen Ansprüchen und seiner übersteigerten Großmannssucht, ja stellt es sich oft in direkten Gegensatz zur westlichenVorstellung vom gepriesenen Wesen ihrer Ahnen, so trifft man gerade hier gelegentlich Gestalten und Familien, die außer in Gesicht und Wuchs, auch im Wesen würdig und schön, wie von stiller Trauer beschwert, die edle Tradition der Antike fortsetzen, jene Tradition der inselgebürtigen Namen eines Homer, eines Pythagoras, eines Äsop, einer Sappho, die heute die herabgekommenen Nachkommen oft mehr zu belasten als zu beschenken scheinen. Wer kaufmännische Tatkraft spürt von den heutigen Insulanern, wen Weltgetriebe lockt, der hat wohl seit dem Niedergang des Handels die Heimat verlassen, um in Griechenland, in Smyrna und Konstantinopel oder in einer anderen Hafenstadt, wo das Griechentum neue Handelswege offen hält, eilendes Geschäft und Erfolg zu suchen. Wer hingegen als geistig Unterrichteter etwa im Fürstentum Samos — außerhalb der wenigen vielleicht verdienstvollen Ämter der letzten Duodezfürsten — sein Leben zu Grabe trug, der mußte wohl besinnlicher und in sich gekehrter Art zuneigen. Vielleicht hat sich gerade auf einzelnen dieser Inseln ein solches ernstes, aber echtes Hellenentum reiner erhalten, als auf dem griechischen Kontinent; auch Gobineau, dem Schilderer mit feinstem Pinsel will es wohl so erscheinen.

Freilich nur für eine bestimmte Schicht und unter besonderen Voraussetzungen mögen Blut, Klima und Geschichte sich solcher Gestalt ausgewirkt haben. Für andere Teile der Bevölkerung hat die Eigentümlichkeit der Insellage gerade wilden und rauhen Zügen — auch außerhalb der Kriegszeiten — Entwicklung geboten. Dem Seefahrertum steht das Seeräubertum nicht fern und auch die Fischer und Schwammtaucher stellen wohl eine gedankenfreie und verwegene Mannschaft. Aus allen vier Kategorien fanden sich die befähigsten Kämpen zusammen, wenn es galt das Schmuggelhandwerk zu betreiben und insbesondere der türkischen Tabakregie ein Schnippchen zu schlagen, deren monopolistisches Recht ja im ganzen Lande Widerspruch und Widerstand herauszufordern wußte. Bis zu kleinen Seeschlachten ist es gelegentlich gekommen bei diesem nächtlichen Verfolgungsspiel um Inseln und Vorgebirge zwischen den Fahrzeugen der Pascher und der Kontrollflotte der Regie-Gesellschaft.

Ähnlich leidenschaftlich, bunt und intrigant wie das Leben, das so die griechischen Hydrioten hier gelegentlich führten, ist auf manchen Inseln auch das geistige Leben der griechischen Politiker gewesen. Ist doch der Zug des Disputierens und rednerisch Herrschenwollens, vielleicht derjenige, der sich im Griechenvolke am besten erhalten hat seit homerischen Zeiten. „Sind zwölf Mann Besatzung auf einem Fischerboot, so möchten dreizehn Kapitän spielen," sagt ein Sprichwort aus dem Insel-Archipel. Es sind indessen nicht nur Kirchtumpolitiker, Streiter um Zoll- oder Hafenfragen auf den Inseln im 19. Jahrhundert geboren worden, auch Politiker größeren

Maßstabs, wie beispielsweise der Kreter Veniselos sind aus ihrem Bereich hervorgegangen, und die entschlossenen Führer der großen Kreta-Aufstände von 1840, 1866/67, von 1896/97 haben nicht nur die felsigen Eilande und die von kämpfenden Flotten aufgewühlten Meere ringsum erzittern lassen, sondern auch die um einen Weltbrand besorgten Kabinette Europas.

Scheinbar ging es auch hier um Fragen lokaler Bedeutung, um Ausübung des christlichen Bekenntnisses, um Bedrücktsein oder Freisein der andersgläubigen Untertanen des Sultans; in Wahrheit war es der große Kampf Ost-West, verkörpert im Türkentum und im damaligen Griechentum, das vom Philhellenismus des Byronschen Europas entflammt, nie mehr zur Ruhe gekommen ist. Seitdem das große Ringen von 1826 zur tatsächlichen Unabhängigkeit des Stammlandes Griechenlands geführt hatte, der vier Jahre später auch die Anerkennung der Pforte folgte, hat die Insel Kreta das Kämpfen fortgesetzt, bis auch ihr unter dem Schutz der Mächte 1897 die Autonomie zuteil ward. 1913 ist sie in den Besitz Griechenlands übergegangen. Die anderen Inseln, Mytilene, Chios, Samos und Rhodos hielt ihre Kleinheit und exponierte Lage von gleichen Versuchen zurück, vielleicht auch der nachwirkende Schrecken vom April 1822, wo Aufstand und Abfall der Inseln mit jener Schreckenstat wilder Janitscharen und irregulärer Horden gebüßt wurde, die in ganz Europa einen Widerhall der Entrüstung fand. Viel Zehntausende sind damals getötet oder nach Konstantinopel als Beute fortgeführt worden. Ein Teil der Knaben aus angesehenen Familien wurde erlesener türkischer Erziehung zugeführt und einzelne von ihnen oder ihres Blutes haben später dem türkischen Staate als hervorragende Männer gedient. Die anderen wurden nach alter Tradition der Janitscharentruppe einverleibt.

Europa hat diese Ereignisse nie ganz verziehen. Niemand zog in Betracht, in welch gefahrdrohender Lage sich damals der türkische Staat zu jener Exekution entschloß, die ein Exempel und ein Ende zugleich für nie aufhörende Intriguen bilden sollte. Wie wenig aber die wilde Art der janitscharischen Kriegsführung von den Herrschenden selbst gebilligt wurde, ist erwiesen durch die blutige Opferung dieser Truppe, die der über die Maßen entschlußstarke Sultan Mahmud vier Jahre später als Grundlage einer großzügigen Militär- und Landesreform vorgenommen hat. (Es ist die gleiche Reform, für die der Sultan einige Jahre darauf fünf preußische Offiziere, darunter Helmut von Moltke berief.) Bei allen Gelegenheiten bis in heutige Zeit ist jenes harte Schicksal von Chios ein Mittel, um die Barbarei des türkischen Volkes zu beweisen, dessen Kriegsführung sich doch seitdem bei allen Gelegenheiten wesentlich menschenwürdiger als beispielsweise die griechische erwiesen hat.

Während Cypern schon 1878 dem ständigen Werben Englands in Form einer vereinbarten, britischen Verwaltung zum Opfer fiel, der 1913 die volle Abtretung folgte, hat die Türkei die letzten Inseln, darunter Rhodos, Samos, Chios und Mytilene, teils im italienischen Krieg (1912) teils im Balkankrieg eingebüßt. Damit ward dann die politische Grenze zwischen Europa und Asien bis in die unmittelbare Nähe, ja bei Kastelorizo $^1/_2$ bis auf 1 km an das anatolische Festland herangetragen. Diese Lösung ist nicht befriedigend, vor allem nicht vom militärischen Gesichtspunkt, aber gegenüber einer Befreiung des ganzen Festlandes von der bis ins Herz gediehenen Ententeinvasion mußten in Lausanne bei der Lösung der Küstenprobleme der englischen Diplomatie gewisse Konzessionen gemacht werden; sie haben sich wertvoll gegen andere Feinde ausgewirkt. Nicht nur die Inseln vor den Toren Anatoliens sind nunmehr eventuelle Stützpunkte feindlicher Flotten und Landungstruppen, sondern auch die Dardanellenbefestigung mußte wie die Bosporusbefestigung im Frieden von Lausanne preisgegeben werden. An beiden Engen ist eine etwa 40 km breite Zone truppenfrei und entfestigt zu halten. Das gleiche gilt allerdings von den beiden griechischen Inseln, die dem türkischen Imbros benachbart gleichfalls im Dardanellengebiet liegen, von Samotrake und Lemnos.

Auf letzterem liegt die Hafenstadt Mudros, die seit Oktober 1918 eine traurige Berühmtheit im ganzen Orient erlangt hat durch das von der Entente hier abgeschlossene und nirgends eingehaltene schmähliche Waffenstillstandsabkommen, das den Weltkrieg beendete. „Sie haben mich belogen, sie haben mich betrogen" sind die einzigen Worte, die der damalige türkische Unterhändler der See- und Freiheitsheld Rauf Bey gefunden hat, als seine Freunde ihn ein halbes Jahr später angesichts der widerrechtlichen Besetzung von Smyrna und Konstantinopel an die von Admiral Galthrop wie von ihm vereinbarte „Nichteinmischung der Entente in die Angelegenheiten der anatolischen Türkei" erinnerten.

Wie bedeutsam das Problem der Küstenbefestigung und der Meer engen ist, zeigt nicht nur die geschichtliche Entwicklung der Meerengenfrage bis zum Weltkrieg, sondern nach ihm die Verlegung der türkischen Hauptstadt nach Inner-Anatolien. Neben tieferen Momenten im national-türkischen Programm spricht hier die Sicherheitsfrage entscheidend mit. Die Türkei mußte es sich genügen lassen in ihrem zurückerhaltenen europäischen Besitz ein Gut wiederzugewinnen, das ihre Weltgeltung zwar bedeutsam erhöht hat, das sie aber ohne Rußlands Unterstützung kaum wird verteidigen können. Der Zweischneidigkeit dieser Lösung ist sich Ismet Pascha in Lausanne voll bewußt gewesen. Aber er ließ geschehen, was er selbst bei etwas veränderter Stipulierung doch nie hätte hindern können, nämlich, daß ein Einfahren starker englischer Kriegsflotten in das Marmarameer sofort den Erzfeind Englands auf den Plan rufen würde. Zur vom Zarentum ererbten Tradition kommt dabei heute noch die Mission, die Rußland überall da auf sich fühlt, wo bedrängte oder gefesselte Völker gegen europäischen Wirtschaftsimperialismus oder Militarismus sich zur Wehr setzen.

KAPITEL X

HOLZ UND KOHLE

Durchaus anderer Art als das griechisch-türkische West-Anatolien ist das Land, das uns, außer der nahen Marmaraumgebung und des europäischen Türkeigebietes um Adrianopel noch zu schildern bleibt von der heutigen Türkei. Es ist das Land nördlich der Bahn Eskischehir-Angora zwischen Kisil Irmak und Sakaria. Mit Ausnahme einiger griechischer und genuesischer Siedlungen an den Flußmündungen der buchtenleeren Steilküste ist es ein „Stocktürkenland" gewesen und geblieben bis in heutige Zeit. Die Bergketten, die sich ähnlich wie im Ostpontusgebiet und auch ähnlich wie in den Gebieten der Adalia-Bucht bis nahe an das Meer drängen, haben das Land der tieferen Einwirkung des Küstenhandels verschlossen. Große Überlandstraßen führten mit Ausnahme einer strategischen Römerstraße im Süden nicht hindurch. Die uralten Karawanenwege von Persien und Indien zum Schwarzen Meer mündeten vielmehr in Trapezunt und Samsun und für türkische Zeit kam höchstens die Verbindung Samsun-Konstantinopel und Stambul-Trabeson in Bedeutung, die über den Hauptort des Gebietes, über Kastamuni führt. Fahrbare Straßen vom Meer landeinwärts — so die Straße Ineboli — Kastamuni — Kjangri — sind erst Ende des 19. Jahrhunderts erbaut worden. Safaranboli und Boly, die anderen bedeutenderen Städte des Landes haben indessen auch heute noch keine ausgebauten Handelsstraßen zum Meere. Sie warten bis die Bahnbauten, die seit langem geplant sind, mit den Linien Eregli-Boly-Angora und Boly-Adabasar-Ismid den Anschluß an die große anatolische Linie und damit die moderne Landesbelebung bringen.

Das Klima des Landes ist günstig. Die starken Niederschläge, die die Seeseite des ganzen pontischen Gebirgszuges von Batum bis an den Bosporus und an die Dardanellen verschwenderisch beglücken, erstrecken sich mit gemäßigterer Zone weit ins Binnenland hinein, bis etwa auf die Höhe von Kjangri und Beybasar. Eine denkbar reiche Bewaldung folgt ihrem Fluß in fast ebenso breitem Gürtel; in den Rückengebieten der Küstenberge ist er naturgemäß lockerer und spärlicher als in den vorderen Zonen. In der Gegend von Boly jedoch und nach dem Sakaria hin hat die Üppigkeit und gedrängte Dichte riesiger Fichten-, Buchen-, Eichen-, Ulmen- und Kastanien-Bestände unter dem Namen „Agatsch Denisi"-„Baum-Meer" einen sagenhaften Ruf ausgestrahlt. In der Vorstellung der Hörer sowohl wie der Erzähler sind diese Wälder phantastisch gewachsen bis in Gegenden, wo der solchen Berichten folgende Reisende in Wirklichkeit oft nur Steppen-Landschaft vorfand. Nicht so sehr die Abholzung jüngerer Zeiten, die in ihrer Bedeutung doch vielfach überschätzt wurde, bildete Grund zu solchen Erfahrungen mit Aussagen der Bevölkerung, als vielmehr der tatsächlich geheimnisvolle Reiz, den das Wort „Orman"-„Wald", ja schon das Wort „Agatsch"-„Baum" für die Begriffe des an viel kahle Berge gewöhnten Anatoliers bedeutet. Andererseits beweist sich mit Erfahrung zugleich die weitgehende Unwissenheit der Bewohner bezüglich der eigenen Heimat. Nicht zuletzt auf Grund des Unterrichtsverbotes für Geschichte und Geographie, das Sultan Abdul Hamid II. während vierzig Jahren in Kraft erhielt, besaß nahezu die gesamte Bevölkerung eine richtige Landesvorstellung nur von dem beschränkten Gebiet, in das sie die eigene und die persönliche Wirtschafts-Betätigung zu führen pflegte.

Neben den reichen Obstzonen der Küste und den Talsenkungen der kräftigen aber kurzläufigen Küstenflüsse des Boly Su, des Soghanli Su, des Aratsch-Tschai sind günstige Ackergebiete in drei Staffeln hintereinander der Küste annähernd parallel gelagert. Und hinter ihnen im Oberlauf-Gebiet des vielverzweigten groß ausgebreiteten Sakaria bilden reiche Steppenweiden untermischt mit Buschsteppen, das typische Gebiet für die Zucht der Ziegen und Schafe.

Die reichen Steinkohlenlager der Küste bei Eregli, Songuldak und im Küstenstrich von Bartin gehören — eben dank des Fehlens von Straßenverbindungen —, dem reinen Wirtschaftskreis der Meeresküste an. Etwas größere Bedeutung für die Bevölkerung des Binnenlandes, als Verdienstmöglichkeit besonderen Charakters, hatten schon die nicht erschöpften, aber aus Gründen unrationellen Betriebes wieder stillgelegten Kupfergruben von Küreh. Der gewaltige Eisenreichtum des Landes ist hingegen noch völlig ungenutzt.

Diese Gestaltung und Naturbedingungen des West-Pontuslandes, des Paphlagoniens und östlichen Bytiniens der Alten, haben weltabgeschiedenen, selbstgenügsamem Leben der zu 97 von Hundert türkischen Bevölkerung die beste Stütze geboten. Nur im Westen, wo sich die Strahlungen der betriebsamen Senke von Ismid, Sabandscha, Adabasar bemerkbar machen, herrschte etwas regeres Leben. Eine „vergessene Provinz", so nennt der vorzügliche verständnisreiche Schilderer Ernst v. Nahmer die Provinz Kastamuni, die er aus strenger ärztlicher Tätigkeit um die Jahrhundertwende kennt. Ja als eine echte „Dornröschen-Stadt" ist ihm das alte Amasra am Auslauf des Bartin Su erschienen mit seinen Byzantiner- und Genuesenmauern auf steilen Klippen und dem Reiz bedeutender geschichtlicher Erinnerungen, über die das Ranken- und Rosenwerk der überreichen Vegetation seinen prächtigen Schleier spinnt. Sei es daß wir diese Schilderung genießen, sei es daß wir Fallermeyers Seiten blättern, oder Edmund Naumann über das goldene Trapezunt vernehmen, immer wieder gibt es uns zu denken, warum dies Land, obwohl es so reich ist an starken eigenartigen Natureindrücken und an geschichtlichen Denkmälern, die von herabsetzender Neuzeit unberührt, nur von Naturkräften überwuchert und bedrängt werden, kein Touristenland geworden ist. Mag es für verwöhnte Kostgänger internationaler Hotelbequemlichkeiten auch weniger in Frage kommen, aber warum haben nicht Forscher, Naturfreunde und sportsfreudige Männer ihre ungleich höheren Reisefreuden an diesen Gestaden und auf diesen Hochflächen gepflückt. Warum haben nicht die Schußtrophäen von Hirsch, Wildschwein und paphlagonischem Bär, Jäger so mancher Länder hierhergelockt. Die Abwehr der türkischen Landsherren trägt viel Schuld daran. Ganz Europa wird über sie den Kopf schütteln. Aber wer sich nicht wundert, der beweist, daß er den verborgenen Existenzkampf versteht, der im sinkenden osmanischen Staate an Stelle der kriegerischen Eroberungen getreten war und in dessen Ablauf auch die erfolgglänzende Bewegung eines Mustafa Kemal Pascha, die scheinbar eine ganz neue Zeit heraufführte, nur eine, allerdings bedeutsame Etappe auf dem einheitlichen Wege des türkischen Existenzkampfes.

Gerade für das Kastamuni-, Songuldak- und Boly-Gebiet bedeutet die neue Zeit nationalen unabhängigen Wirtschaftslebens eine neue Aussicht. Keine Überfremdung wird mehr zu befürchten sein von den Unternehmungen, die künftig nur als türkische und unter staatlicher Kontrolle unter türkischer hälftiger Mitbeteiligung und mit türkischem Personal die neue Zeit langsam heraufführen werden. Mit Belebung der Bahnprojekte, mit Plänen für einen weiteren Ausbau der in den achtziger Jahren geschaffenen kleinen Hafenanlage des Kohlengebietes, mit starkem hoffnungsfrohen Erwachen der gesamten geistigen Schicht dieses echten Türkenlandes ist jetzt der Traumschleier dieser „Vergessenen" Provinz zerrissen, der Dornröschenschlaf zerstoben.

Noch um die letzte Jahrhundertwende waren für einen klugen und verständnisvollen Beobachter im still verblaßten Leben der burggekrönten Residenzstadt Kastamuni, des Müller- und Gerberstädtchens Safaranboli, im mattem Herzschlag städtischen wie dörflichen Daseins Geschicke und Gegebenheiten zu erkennen, die im davorliegenden Jahrhundert das gesteigerte Leben dieser Gebiete bestimmt hat. Damals hat dieses echte Türkenland trotz seiner Abgeschlossenheit in besonderen Beziehungen zu Konstantinopel und zu der Regierung gestanden. Beste, allerzäheste, allertreueste Soldatenkraft schöpfte die Pforte und das Kriegsministerium aus der Bevölkerung des Westpontusgebietes. Seit Sultan Selims III. Zeiten, der um 1800 die Neubildung des Heeres versuchte, die dann ein Vierteljahrhundert später der kraftvolle Mahmud II. löste, haben die Kastamuni-Soldaten und die Kastamuni-Bataillone als stärkste Einsätze im Kampf, als nie versagende todesbereite Truppen gegolten. Plewna und die weltberühmten Kämpfe Osman Paschas von 1877 und ebenso die glänzenden Siege über die Griechen im Feldzug 1896 und 1897 sind mit dem Namen der Kastamuni- und Safaranboli-Truppen für dauernd verknüpft. Es war als ob die Kastamuni-Türken gerade im bitteren neunzehnten Jahrhundert es übernehmen wollten die einstige Tradition der degenerierten und zum Verderben des Landes gewordenen Janitscharentruppe wieder fortzusetzen. Vormals war das Kastamunigebiet auch ein Wohngebiet für die angesiedelten, ausgedienten Janitscharen gewesen, die als Pensionäre des Staates in der Zahl von mehr als 100000 Köpfen an ihm zehrten, ohne noch irgend Dienste zu leisten. Auch sonstige Pensionäre des Staates, Beamte, die im billigen Leben eines stillen Provinzwinkels ihr Leben beschließen wollten, lebten hier, darunter zahlreiche Hofbeamte, die einst aus Kastamuni ausgezogen waren an den Hof des Sultans und die nach Jahrzehnten treuen Dienstes neben anderen Gnadenbeweisen eine Rente und das Geschenk der Steuerfreiheit mitbrachten; schließlich allerhand Verbannte, die das Regierungsinteresse von der Hauptstadt fernhielt. Sie alle hatten ihre Rolle in dem charakteristischen Leben dieser Provinz. Des weiteren verkörperten die Angehörigen von fünfzehn Derwisch-Orden mit ihren hohen Mützen, ihrer Würde und ihren Riten, die Überlieferungen einer zerfließenden älteren Kultur- und Machtepoche. Handwerker, unter denen namentlich Leinenweber, Gerber, Sattler, früher auch Kupferschmiede hervortraten, Kleinhändler und Bauern, schließlich die Hirten aus dem tieferen Binnenland, Jürücken oder Kurden vollendeten das Kleinstadtbild, in dem sich wiederum die ganze Provinz mit ihren Erzeugnissen spiegelte. Sie alle, die hier Vereinten fanden ihr gutes, ja ihr reichliches Auskommen, bis daß Europas Dampfschifffahrt und Europas billige Industriewaren den verhängnisvollen Wandel heraufführten. Wie fast überall in türkischen Landen hat der sich ausbreitende Handels- und Verkehrs-Einfluß Europas, das solcher Konkurrenz nicht gewachsene einheimische Gewerbe weitgehend ruiniert. Während Regierung und vor allem Bevölkerung noch nicht recht wußten, wie und mit welchen Methoden eine Umstellung auf das neue Wirtschaftsleben beginnen, in welcher Weise zwischen dem hier heimischen 16. Jahrhundert und dem 20. Jahrhundert Europas auszugleichen sei, waren Kapitalisten und Unternehmer-Vorschläge auf dem Plan, um ihnen diese Sorgen abzunehmen. Das wirtschaftlich sinkende türkische Volkselement wurde aber nicht in diese Pläne eingesetzt, so wenig wie die Bedürfnisse des türkischen Fiskus. Zweck der Unternehmung war in erster Linie, den Aktionären in Europa den gebührenden Gewinn zu sichern. Steuerfreiheit und außergewöhnliche Sicherungen waren durch die sogenannten Kapitulationen gegeben und Löhne und Leistungen, die auf türkischem Boden aufgewendet werden mußten, kamen dem griechischen, armenischen und levantinischen Element zugute, das in europäischen Augen in mehr als einer Richtung ein ganz anderer Boden für Wirtschaftsunternehmungen in türkischen Landen darstellte. Man hat sich gewundert und will sich selbst heute noch manchmal wundern, daß die Türken im Sichverdichten der europäischen Wirtschaftsunternehmungen eine Existenzbedrohung erblickten. In Wirklichkeit war diese Auffassung die richtige und es war selbstverständlich, daß die Türkei allen Widerstand leistete, der ohne gefährliche Zerreißung diplomatischer Beziehungen möglich war. Die europäische Rechnung von einer raschen technisch-unternehmerischen Hebung Kleinasiens stimmte in der Tat nur dann, wenn man in diese Rechnung die türkische Rasse stillschweigend zum Aussterben verdammte. Presse und öffentliche Meinung Europas verbreiteten freilich andere Auffassung und Absichten. Danach hatten die Türken zu danken für die „Wohltaten" solcher Unternehmungen, die sich doch vielfach ohne Risiko aus dem Säckel des türkischen Staates verzinsten, wenn der entkräftete Körper des osmanischen Volkes etwa nicht genügend Erträgnisse herzugeben wußte. Es gab Unternehmungen die sogar, im Falle eines tatsächlichen „Rückkaufes" der Millionenobjekte durch den türkischen Staat doch noch für weiter hinaus vielleicht auf 80 oder 90 Jahre mit 50, ja mit 80% der Bruttoeinnahmen türkischerseits zu verzinsen waren. Wer diese Wirkungsweise der europäischen Konzessionsausbeutung in der Türkei kennt, und den Türken das Kampfrecht um die Existenz nicht absprechen will, der muß wohl die gemischten Gefühle verstehen können, mit denen die Türken selbst ein Bagdadbahn-Abkommen betrachtet haben und auch die unverhohlene Freude begreifen, mit der sie rund fünfunddreißig Jahre später eine Chesterkonzession verfallen sahen.

Im Jahre 1829 erweiterte die Pforte, das von England, Rußland und Frankreich schon 1774 erkämpfte Recht der freien Handelsschiffahrt im Schwarzen Meere auf alle seefahrenden Nationen. Österreichische Schiffahrtslinien nahmen darauf die Führung und alsbald folgte der Handel dem Wege, den die Schiffahrt wies. Den größeren Dampfern konnten die kahlen Reeden der westpontischen Küste nicht genügen. Ja überhaupt bestand gar bald kein Anlaß mehr, Waren aus Persien und Zentralasien nicht viel näher am Ursprungsland auszutauschen und zu verschiffen; einmal die syrischen Küstenstädte und im Norden der Ostrand des Schwarzen Meeres, Trapezunt, aber lieber noch Batum, dessen petroleumgetragene Aussichten eine moderne Hafenanlage von vernichtender Konkurrenzkraft rasch gezeitigt haben. Gleichzeitig mit den Schiffen kamen die Waren; die Waren, die nicht nur den Export handwerklicher Landeserzeugnisse, der gewebten Stoffe, der Lederwaren, der prächtigen Tiftiks, der Gewebe aus der Wolle der Angoraziege, aufhob, sondern mit ihren erstaunlich wohlfeilen Fabrikaten auch die einheimischen Käufer samt und sonders zum Verrat am eigenen Handwerk verführten. Gerade die Kastamuniprovinz in ihrer Abgeschlossenheit und in ihren alten Traditionen sich still bescheidender Lebensweise, mit ihrem Mangel eines konkurrenzsteigernden armenischen oder griechischen Bevölkerungselements, mit ihren fehlenden Verkehrswegen ist dem Rückschlag der Neuzeit auf althergebrachten Handel und Gewerbe besonders ausgesetzt gewesen.

Ein weiteres Element des Niederganges im ausgehenden 19. Jh. kam hinzu. Abdul Hamid, der vom Verfolgungswahn befangene Despot, wählte seine Konstantinopeler Palastgarden nur aus den Bauernburschen der Provinz Kastamuni. In Konstantinopel in den lasterdurchsetzten und verseuchten Hafenvergnügungsorten infizierten sich nun viele dieser Söhne Anatoliens mit der „frenk iletti," der fränkischen Krankheit, wie in der Folge Anatolien, die bis dahin unbekannte Syphilis nannte. In einer „vergessenen" Provinz wird auch gegen solche aufkeimende Übel, nicht allzu viel geschehen, und in den ersten Folgen zeitigenden Jahren haben in der Tat gebildete Beamte, die nach Kastamuni versetzt wurden, es als eine hinreichende

Abwehr angesehen, ihr persönliches Eßgerät selbst mitzubringen, und selbst zu reinigen, und haben mit der landesüblichen Schicksalsergebenheit auch diese Eigentümlichkeit zu den anderen dieser Provinz hinzugezählt. Die Seuche ging weiter, bis aufgeklärte Geister eine durchgreifende Hilfe als unabweisbar nötig erkannten. Deutsche Ärzte, als ihr Führer von Düring-Pascha, haben um die Jahrhundertwende im Auftrag der Regierung mit aufopfernder Tätigkeit dem vernichtenden Übel Halt geboten, das einer ganzen Provinz allmählich einen peinlichen Ruf zu geben drohte. In Türkischen Kreisen hat man schon zur Weltkriegszeit die Anschauung vertreten, daß der Seuchenherd Kastamunis erloschen sei, und daß neue Fälle dort wie in Anatolien erst wieder auf Konto der Weltkriegszersetzungen zu zählen seien. Wie dem auch sei, die neue türkische Regierung hat im Kastamunigebiet gezeigt, daß sie ihr vernünftiges großes Programm durchzuhalten weiß. Erst Sicherung des Nationalgebietes im Krieg, dann Pflege und Hebung der Bevölkerung, leiblich und geistig, dann Beflügelung der Landwirtschaft, dann Entwicklung des Verkehrs, dann Anbahnung eigener Industrie. Verglichen hiermit hat die Grundlinie der europäischen Wirtschaftsbestrebungen in der Türkei ungefähr die umgekehrte Programmfolge gehabt. Ein wahrer Feldzug gegen die großen Krankheitsübel im Lande ist erneut von der Angoraregierung begonnen worden. Vertilgung der Syphilis, Vertilgung der Malaria sind die hohen Ziele, die mit größten Mitteln und mit nationalem Opfermut heute von einer Ärzteschar angestrebt werden, die europäische sachverständige Helfer nicht verschmäht, aber auch schon weitgehend zu selbständiger Bekämpfung befähigt ist.

Die bedeutsamsten Wirtschaftsprobleme für das Gebiet liegen in schon erwähnten seit langem geplanten Bahnbauten, die den Ort Boly zu einem Knotenpunkt machen werden mit Verbindung zuerst nach Adabasar-Ismid, dann nach Eregli-Songuldak und mit dem dritten Bahnarm nach Angora. Der vierte Arm, nach Kastamuni muß wohl vorerst aus dem obersten aller Gründe, dem allgemeinen finanziellen Kräftemangel und der Abschreckung des enttäuschten europäischen Unternehmertums noch zurückgestellt bleiben. Immerhin beginnen sich die Aussichten für Holz- und Kohleausbeutung schon sehr zu heben. Nachdem eine neue Forstgesetzgebung vom Frühjahr 1924 einem Erbübel der Landesverwaltung an die Wurzel gegriffen hat und neue sachgemäße Verfahren für einen kontrollierten Waldschutz und für rationelle Waldausbeutung festgelegt hat, kommt der planmäßige Holzschlag und der Sägereibetrieb in den Baum-Meeren östlich des Sakariaunterlaufes in rascheren Fluß und die unrationelle Fällungsart durch Abbrennen in harzgefüllten Furchen, eine tagelange Prozedur, dürfte in diesem Gebieten bald der Geschichte angehören. Ähnlich steht es mit der Ausbeutung der Steinkohlenlager der Küste, den einzigen bis jetzt bekannten der Türkei. Es ist eine unsinnige Situation, daß von diesen sehr bedeutend eingeschätzten Lagern dank des einzig möglichen Abtransports zur See nur die technischen Betriebe Konstantinopels etwas verspüren. Das ganze übrige Anatolien mit Ausnahme der Bahnbetriebe heizt im Winter und kocht im Sommer auf Holzkohle oder Holz, und vormalige Bergwerksbetriebe sind, wie schon geschildert, aus diesen verzerrten Verhältnissen heraus zum Erliegen gekommen. Ein Kohlenbecken im Küstengebiet ohne Verbindung mit dem Hinterland ist ein Unding, zumal dann, wenn sonst nirgends andere Kohlenvorräte vorhanden sind. Der Bahnanschluß von Erigli und Songuldak an das große im Ausbau befindliche nationale Eisenbahnnetz, kann daher revolutionierend wirken für die Grubenentwicklung, für die Kohlenverteilung und für das gesamte technische Leben im Lande. Es ist zu wünschen, daß es der so vielfältig angespannten wirtschaftlichen Fürsorgetätigkeit der erneuten Türkei gelingt, neben den noch vordringlicheren Problemen auch größere Mittel für die Förderung der Kohlenfrage bereit zu halten. Ist diese Entwicklung in stärkerem Marschieren, dann wird die alte Provinz Kastamuni ihrem schlicht soldatischen Ruf aus Vorväterzeit einen neuen Ruhm moderner umwälzender technischer und wirtschaftlicher Bedeutsamkeit hinzugefügt haben.

KAPITEL XI

AM MARMARA-MEER

Höher noch zu werten als die Reize des Smyrnalandes und seines Inselarchipels sind die Freuden für Augen und Sinne, die das blaue Becken des Marmara-Meeres bietet im Schmucke seiner blühenden Gestade, seiner tief eingeschnittenen Buchten, seiner bergigen Inseln und des Kranzes stiller Seen, der seine Ost -und Südufer umzieht. Es ist als hätte die Schöpfung hier an der Naht zweier Erdteile besondere Lieblichkeit gehäuft, um die Menschen beider Zonen ihre instinktiven Gegensätze vergessen zu lassen im Zauber paradiesischer Naturfreude.

Die Gunst des freien Wolkenzutritts, die das Glück aller türkischen Randgestade ausmacht, ist hier aus mehreren Richtungen gegeben. Immerhin überwiegt die Bedeutung der Nordwinde, die vom Schwarzenmeerbecken heranstreichen. Die von ihnen getragenen Wolkenschiffe überfliegen zum Teil allerdings den flacheren Küstenzug im Westen Konstantinopels und übersegeln dann auch das gewellte Land, das sich zwischen der Marmara und diesen Randhöhen breitet, ohne ihre feuchte Fracht sinken zu lassen. Zwischen kleinen versprengten Waldpartien niedriger Eichen und genügsamer Föhren liegen hier verstreut bescheidene Anbaugebiete, denen die künstliche Bewässerung nottut, wie den entsprechenden Lagen drüben in Anatolien. Dazwischen dehnt sich die Steppe, mit Buschwerk belebt und auch in der heißen Zeit des Jahres von einem grünlichen

Anhauch nie ganz verlassen. Aber die östliche Hälfte der randbildenden Höhen, die wie zwei Gürtelenden zwischen Propontis und Euxinus sich vorstrecken, um im zackigen Schloß des Bosporus sich zu verhaken, sind dicht bewaldet und begrünt. Sie zeigen ein im Flurenund Gartenschmuck überreich blühendes Gestade auf ihrer Südseite, da wo der lange, schmale Golf von Ismid sich nach Osten zu ziehen beginnt, und bieten reichste Erträgnisse, den Dörfern und den Gütern, die im Hinterlande an den kleinen Flußläufen und zum Teil mitten auf Waldfreiungen gebettet sind.

Noch reicher verschwendet sich die Gunst des Klimas an der Südküste der zackigen Marmara. Der große Riegel des bithynischen Olympmassivs mit dem 2500 m hohen Keschisch Dagh zieht erneut die Wolkenspenden hernieder. Ihm und seiner weitausstrahlenden Wirkung ist es zu danken, daß gerade das Gebiet der Südost-Umrandung der Marmara das allerreichste, das allerblühendste unter den Uferzonen ist. Hier liegt grün bekränzt und umschleiert auf aussichtsschöner Terrasse Brussa, die Stadt Sultan Osmans und Orchans, Murads I., des siegreichen Führers über die Dardanellen und Jilderim Bajesid's des „blitzgewaltigen" Sultans, den alle Tapferkeit und alle Siege auf balkanischen Schlachtfeldern nicht bewahren konnten vor einem Tod in harter Gefangenschaft des noch größeren mongolischen Eroberers Timur Lenk. Ihnen und ihren gleich kraftvollen Nachfolgern Mohamed I., Murad II., ist die Stadt am Olympfuß — im Wechsel mit Adrianopel — Residenz gewesen, bis Mohamed II., der siebente der Türkensultane im eroberten Byzanz strahlende Wohnung bezog.

Es ist begreiflich, daß das Weilen im Bereich des Marmara-Meeres im Glanz seiner Küsten, im kühlenden Hauch des Wind- und Wasserstromes, der mit großer Gewalt durch die Enge des Bosporus braust, im Anblick der beiden ragenden Sultansstädte, Stambul und Brussa, dem europäischen Touristen das Erklimmen des steilen harten Plateaus von Anatolien leicht aus dem Sinn geraten läßt. In diesen Gefilden fruchtbarster Völkerberührung vereint sich Gunst des Klimas und Schönheit der Landschaftsbildung mit glanzvoller geschichtlicher Tradition und der Hinterlassenschaft hochgesteigerter Kunstepochen. Unmittelbar vor den Toren Europas ist hier ein Reich blütenschwerer, strömender Romantik ausgebreitet, das auch den verwöhnten Weltreisenden zu bezaubern vermag. Ihn, den Globetrotter ficht es ja auch nicht an, daß der großstädtische Rahmen, geschniegelten internationalen Hotelbetriebes, aus dem heraus er in „den Orient" blickt, türkischer Art durchaus fernsteht. Gutgläubig tappt er vielmehr hinein in das Mißverständnis, das ihm hier das äußere Gesicht gewisser Gegensätze nahelegt. In der Verblassung und den Rissen der Rahmenvergoldung, die keinem Europäer verborgen bleibt, erkennt er weniger die innere Hohlheit des Levantinertums und den verwaschenen Charakter ihrer Großmannssucht, als eine vermeintliche Dekadenz des Türkenstaates und des Türkentums. Gestalten von Bettlern und Armen vollends, die er sämtlich für Türken nimmt, oder solche echt anatolischer existenzringender Lastträger und Barkenführer scheinen ihm eher zu erzählen von wirtschaftlichem Ungeschick ihrer Rasse, als von unverschuldeter Not einer selten ehrlichen und treuen Menschenart, die hier aus dem Anblick der ragenden Sultansmoscheen sich immer wieder Glauben an ihren Gott, Zutrauen zu ihrem Geschick und zu ihrer Landesregierung schöpften.

Wer indessen Brussa betritt, um das noch immer der Zauber alter stolzer Türkenherrlichkeit und Türkenschlichtheit gebreitet ist, dem drängt wohl tiefere Kenntnis sich auf; dem erschließt sich vielleicht das Ahnen der eigenartigen Gaben dieses Volkes, das aus dem Drang dreier Ströme, der arabisch-persischen Islamkultur, dem arisch-hellenischen Wesen, der sterbenden byzantinischen Welt und aus dem tartarischen Erobererdrang seines mongolischen Blutes eine neue Kulturwelle aufschäumen ließ, die weit hineinbrandete über die Ränder dreier Kontinente.

Die Seen, die das südliche Marmara-Meer umgeben, sind zunächst in der Verlängerung zweier seiner Buchten der schilfumrauschte Sabandscha-See und der erheblich größere See von Isnik, der noch heute durch die sumpfigen Niederungen des Kursak Tschai mit der Bucht von Gemlik zusammenhängt. Die Pläne, beide Seen schiffbar mit dem Meere zu verbinden und dem sie umwuchernden Reichtum an Obst und Gemüsen einen günstigen Ausfuhrweg zu geben, sind alt. Beim Sabandscha-See ist der Gedanke durch den Bau der Eisenbahn überholt, die jetzt an seinem Ufer entlangläuft, und bei dem Isnik-See hat der Gang der Zeit mit ihrem sich ständig schmälernden Mitteln entschieden, daß das kostspielige Objekt unverwirklicht bleibt. Landschaftlich sind diese beiden Seen die reizvolleren, da sie im gewellten Lande liegen, während die zwei anderen, der von Abuliond und der von Manias waldfrei sind und einen Flachlandcharakter haben, dessen Schönheit weniger in den Linien der Umrandung liegt als in dem feinen Licht und den überraschenden Färbungen, in denen sich Sonnenglanz und Wasserduft in ihrem Bereich verwebt. Auch in den formenreicheren Gebieten, so im schimmernden Golf von Ismid, bedeutet das zauberische Blau der Luft und das Spiel des Lichtes den höchsten Reiz der Landschaft. Wenn der Tourist, einen Ausflug nach dem betriebsamen Ismid unternimmt, dem alten Nikomedien, das im Schutz zweier hohen Hügel mit Holz- und Fachwerkbauten und vielen zierlichen Minarehs am dicht begrünten Berghange malerisch emporsteigt, so ist er geblendet von dem Panorama, das ihn während der dreistündigen Fahrt von Konstantinopel dorthin begleitet. Je weiter die bunten Bilder der Garten- und Landhaussiedlungen und der schimmernden Inseln am breiten Eingang des Golfes entschwinden, umso tiefer taucht er ein in das Reich durchschimmernder blauer Färbungen, die im sich verschmälernden Golf Wasser, Himmel und jenseitige Berge zum seltsam einheitlichen Bilde zusammenziehen. Wie in Amethyst oder Achat geschnitten, so liegt der stille Golf und erweckt in der Feinheit seiner azurenen Abtönungen den Kundigen wohl eine schmerzliche Ahnung von dem gleichen Weben und Schimmern des Lichts, das im steppigen Hochland Anatoliens, dem die Bahn zueilt, um graue, braune und gelbe Berggestalten ähnliche Wunder bereitet.

Die überragende Bedeutung der anatolischen Bahn in diesem ersten ältesten Streckenstück ist augenfällig. Wenn irgendwo, so hat hier auch der einfachste Bauer im fernsten Reichwinkel der Technik verstanden, daß Bahnen Lebensadern sind. Leider fehlt dem übrigen Marmararand noch die Erschließung durch den Schienenweg. Zwar ist Brussa seit 1890 durch eine Schmalspurlinie mit dem Hafen Mudania verbunden, und auch in der durch den letzten Krieg stark zerstörten Hafenstadt Panderma mündet eine Linie, mit der — wiederum gegen die ursprüngliche Planung — um die Jahrhundertwende die Bahn Smyrna-Soma-Balikessir ihre Fortsetzung fand. Aber was vor allem noch mangelt, ist die bessere Verbindung Brussas mit seinem Hinterlande, und eine Querverbindung rings um die Propontis. Die Nachkriegszeit hat bereits einen Kraftwagenverkehr mit der Plateauhöhe bei Eskischehir geschaffen, aber der Schienenweg tut not. Die Vorstudien sind begonnen, um Kutahia mit Brussa zu verbinden, und die Linie weiter nach Panderma zu führen, vorbei an Abuliond- und Manias-See. Zwei alte Türkenresidenzen werden mit diesem Bau neu belebt, denen die Stichbahnen allein noch nicht genügend Wirtschaftsförderung gaben. Kutahia die seldschukische Residenz mit Weber-, Sattler-Industrie und schwer ringender Fayencetöpferei und das osmanische Brussa, das um sein Spezialerzeugnis die kostbaren Seidenstoffe ähnlich ringt und kämpft, wie Kutahia um den Bestand seiner keramischen Öfen. Mit mühsam errafften Mitteln hofft man hier neuen Aufschwung zu zeitigen, wird aber kaum den Platz erringen, den im letzten Jahrhundert die Brussaseide besaß, ehe sie gegen Lyoner Erzeugnisse den Bewerb verlor. Der nicht-handwerkliche Export Brussas ist bedeutend, und selbst die starken Kriegsschäden, die das weichende Griechenheer 1922 den Siedlungen und Fluren des Südmarmarakranzes noch beibrachte, sind einigermaßen ausgeglichen. Wein-, Tabak- und auch Olivenexport zeigen heute wieder annähernd die Friedenszahlen. Aber die Seidenerzeugung hat sich noch nicht erholt, denn hier gilt es wie überall jenes Problem zu lösen, das der eigenartige Gang türkischer Geschichte dem heutigen Lande auferlegt hat. Glücklich die türkische Stadt, deren Hauptbedeutung auf dem Umsatz landwirtschaftlicher Erzeugnisse lag. Ihr ist der vernichtende Niedergang erspart geblieben, den die Einfuhr europäischer Industriewaren über das ganze Handwerk und Gewerbe des Landes gebracht hat. Wohl hätte der Aufbau industrieller Betriebe in dem und jenem natürlichen Produktionsgebiet neue Verdienste geschafft, aber wo man diesen Weg einschlug, setzte sofort auch der Überfremdungs- und Rassenkampf ein, in dem das ausländische Kapital die christlichen Volksgenossen gegen die eigentlichen Landesherren ausspielte. Ein türkisch gedachtes Industrieprogramm mußte füglich zurückgestellt bleiben bis in die Zeit, wo Mustafa Kemal Pascha einer heldenhaften unendlich geschwächten aber wirtschaftlich unabhängig und gleichberechtigt gewordenen Nation neue gewerbliche Wege wies.

Brussa wird mit der Zeit wieder eine starke Entwicklung nehmen, denn der alte Gedanke, der im Instinkt des Volkes auch in den Zeiten der staatlichen Blüte nicht erloschen ist, hat in Bosporus- und Dardanellen-Besitz keine bleibende Brückenspannung gesehen. Und heute läuft die Instinktgrenze, wie sie mancher Türke ziehen dürfte zwischen Europa und Türkenstaat, zwischen Ost und West, doch wieder durch die beiden Engen. Die äußersten Spitzen des asiatischen Landes, als Ränder der Engen sind neutralisiert, aber das dazwischen sich buchtende Gefild ist wertvolles Friedensgebiet und zu schützende Kriegszone zugleich. Die Regierung bestrebt sich, maritime Anlagen, soweit als angängig allmählich von Konstantinopel auf einzelne Stellen der asiatischen Gestade vor allem nach Ismid hinüberzuziehen.

Wenn ein englischer Angriff auf die Dardanellen heute sofort neben türkischen Flugzeugen und Schiffen auch russische Seekraft auf den Plan rufen dürfte, so ist das Umgekehrte nicht eben so klar.

Wenn Rußland den Bosporus bestürmte, dann dürfte England sich damit begnügen seinerseits an den Dardanellen zuzupacken. So muß die Türkei rechnen, wie im Weltkrieg zwei Engen zu verteidigen, nur mit dem Unterschied, daß sie heute entfestigt sind. Aus dem Hinterland heraus und zwar sowohl dem europäischen wie dem asiatischen müßte der Kampf geführt werden. Gleichzeitig wäre dabei der Rükken der europäischen Verteidigungsstellen vom Balkan aus und vom Ägäischen wie Schwarzen Meere her bedroht. So ist die künftige Verteidigung Konstantinopels eine schwierige Aufgabe, die höchstens durch die gesteigerte Anwendung der Luftwaffe etwas entlastet wird, vorausgesetzt, daß die Türken hier genügende Kräfte zur Verfügung haben. Der Anmarsch des Generals Sarrail vom macedonischen Kriegsschauplatz her im Oktober 1918 ist allen Türken noch in Erinnerung. Das gerade im Unglück viel bewährte Glück der Türken rettete damals die Stadt Konstantinopel auf Grund der englischen Eifersucht, die Lord Galthrop veranlaßte in der Waffenstillstandsnacht von Mudros bezüglich der von Rauf Bey formulierten nationalen Mindestforderungen der Türken Wort und Unterschrift zu verpfänden, obwohl bereits getroffene Besetzungsmaßnahmen Englands (in Mossul und im Adanagebiet) diesem Zugeständnis zuwiderliefen.

Wie es wohl auch künftig sein würde, ist dann im Endkampf des türkischen Befreiungskrieges gegen die Besetzung und Aufteilung die ganze herrliche Umrandungszone vom Golf von Ismid bis nach Panderma und bis Tschanakale an den Dardanellen eine flammende Kriegszone gewesen. Bei Gebise und Ismid, bei Gemlik und Mudania, bei Panderma und am Dardanellenübergang standen die rastlos herangestürmten türkischen Truppen mit fliegendem Atem und erfolgverklärtem Siegerblick, bereit wie einst die Helden Sultan Muhameds II. für eine zweite Eroberung Konstantinopels ihr Blut zu vergießen. Es ist bekannt, in welche Schwierigkeiten damals englische und französische Truppen gerieten vor der Alternative hier angesichts Europas offen mit den Türken die Waffen zu kreuzen oder zu weichen. Der Druck des befreiungsberauschten Türkenvolkes, der selbst in den Straßen des besetzten Konstantinopels sich fortpflanzte, hat damals die Entente die Entscheidung an den Konferenztisch verlegen lassen. Während Brussa und Isnik, die ersten Siegespreise Sultan Orchans, vor 600 Jahren erneut mit Waffenkraft wiedergewonnen wurden, sind die europäischen hochheiligen Residenzen der osmanischen Herrschaft, sowohl Adrianopel wie Konstantinopel auf dem diplomatischen Schlachtfeld von Lausanne durch General Ismet-Pascha wiedergewonnen worden. Der 8. Oktober 1923 sah die Ententezeichen von den Flaggenmasten Konstantinopels sinken und hörte den Salut, mit dem die europäische Kriegsflotte das Wiederaufsteigen des alten osmanischen Erobererbanners grüßte. Damit krönte sich das Werk der Befreiung und der Selbsterhaltung, zu dem in einem unwiederbringlichen geschichtlichen Augenblick Scharfsinn und Tatkraft eines Mustafa Kemal Pascha am Rande des Abgrundes die Nation zusammengerufen hatte.

Dennoch ist Konstantinopel nicht wiedergewonnene Stadt im idealen Sinne des Existenzkampfes der türkischen Rasse, denn hier blieben die griechischen Einwohner erhalten, die im Gegensatz zu Sultan Muhamed II. der innerste Gedanke der Angoraregierung auch heute gern im Austausch beseitigt hätte, weil anders wie im müden Byzanz vor 500 Jahren dieser levantinisch-griechischen Minorität des 19.

und 20. Jahrhunderts europäisches Kapital und Unternehmertum und machtvolle diplomatische Kulissenzüge bedeutsamen Rückhalt bieten. Etwa 200000 Griechen türkischer Staatsangehörigkeit (neben den Hellenen, neben Griechen und Griechlingen europäischer Staatsangehörigkeit) sind in Konstantinopel verblieben. Und mit ihnen ist verblieben, uneingestanden aber offenbar, die gedankliche Anwartschaft auf ein späteres Wiedervorwärtsfluten des byzantinischen Elements in die so schmerzlich letztverlorenen, $1^1/_2$ Jahrtausend lang verteidigten anatolischen Positionen. Die vielfältigen Streitigkeiten, die um den Stuhl des Patriarchen, den Anker und das Symbol solcher Hoffnungen, ihre Wellen schlagen, sind wohl ein Symbol für das Nieendenwollen der Gegensätze und Gegenzüge dieses Weltkampfes.

Verdüsternd liegt der Schatten dieser inneren Lage auf Leben und Gesicht der unvergleichlich schönen Hüterin des Goldenen Horns. Fast muß der Tourist der unverwüstlichen Vergnügungsfreude, der Leichtlebigkeit und luxusgierigen Unmoral der Levantiner dankbar sein, daß sie nicht nur den Ernst großer Probleme sondern auch alle geschäftlichen Sorgen über Bord zu werfen versteht, wenn es gilt im Talmi Hotelprunk der lieblichen Prinzeninseln oder in den Palastgaststätten der modebevorzugten Bosporusorte Feste zu feiern, die man Pariser und Newyorker Vergnügungen an die Seite stellen zu können glaubt, obwohl sie dem Kern und Wesen selbst der heutigen abendländischen Eleganz fast ebenso fern stehen wie echter orientalischer Art, mit deren vermeintlich gleichzeitig verkörperten Eigenart man sich gerne brüstet.

Ein schwerer Schlag traf die Stadt, als die neue Türkei Tradition und unübertroffeneBaudenkmäler eigener einstigerGröße im Stiche ließ, um sich am Fuß der grauen Burgklippen des alten Ancyra die neue Hauptstadt einzurichten. Unendlich ist der Byzantinerzorn, der diese Weggezogenen verfolgt in die „Einöden", in die „Unkultur" und „übersteigerter Nationalismus" sie getrieben hat nach levantinischemUrteil. Und schwierig, sehr schwierig ist es für die Regierenden in Angora der Stadt und ihren jetzigen notgeborenenWirtschaftsforderungen voll gerecht zu werden. Hegende Liebe hat Konstantinopel, das seit langem keine volltürkische Stadt mehr gewesen ist, sondern immer mehr zur vielvölkischen Metropole geworden war, nicht zu erwarten. Aber eigene Klugheit und der Druck des Wirtschaftsurteiles der Welt wehrt dem Gegenteil und läßt denen Einhalt gebieten, die am liebsten „ein Dorf — aber türkisch!" — da sehen möchten, wo ungeachtet aller erkennbaren Angorafurcht verschwiegener Haß und weitzielende Intriguen auch heute noch ihre Fäden spinnen.

Was den alten handwerklichen Wirtschaftsmittelpunkten Anatoliens einst geschah als die westliche Industrie ihre Massenware auch bis in ihre abgelegenen Zonen zu werfen begann, entsprechendes, wenn auch anderer Gestalt, widerfährt heute dem europäisch-levantinischen Geschäftsleben Konstantinopels unter dem türkisierenden Druck nie erwarteter nationaler Staatsgesetze, die der Gewinnlust, ja auch seither als ganz normal erachteten Verdienstmöglichkeiten des Konstantinopler Geschäftslebens gewaltig die Flügel beschneidet. Eine langsame Verschiebung der einzelnen Teile und Zweige des Geschäftslebens, heraus aus der alten „City", nach Stambul und nach anatolischen Häfen und leider auch nach solchen des Auslandes zeichnet sich ab. Die besonderen, zehrenden Schäden und Schwierigkeiten der einzelnen letzten Jahre kommen hinzu. Kriege und scharfe Parteikämpfe der Jungtürkenzeit beschatteten schon vor der Katastrophe des Weltkrieges das Leben der Stadt. Der Beitritt der osmanischen Regierung zu den Kämpfenden des Weltkrieges schnitt den breiten Handelsstrom ab, der zwischen Schwarzem Meer und Mittelmeer hin- und zurückflutete. Rückzug der Deutschen und Regierungsrücktritt Ende 1918 schuf Verwirrung, die durch die Landung der ersten Entente Détachements stark erhöht ward. Dann kam — mitten im Waffenstillstand und als Druckmittel für die Unterschreibung des versklavenden Vertrages von Sèvres — die kriegsmäßige Besetzung durch hauptsächlich englische Truppen. Es folgten die Völkerfluten der Weltkriegs-Nachwehen; Flüchtlinge und Versprengte aus dem gärenden Schoß des sich umbildenden Rußlands, fielen mehr als 100000 Köpfe stark zu Not und Hunger in der schwer geprüften Stadt ein. Armenische und griechische Fluten folgten, stiegen hoch auf und verebbten wieder im Zeichen maßlosen Menschenelends. Gewalttat und brutale Unterdrückung des Türkentums tobte durch Häuser und Straßen vaterlandstreu gesinnter Landeskinder. Es schien als sollte der Existenzkampf der beiden von Ausmerzung bedrohten Rassen, des asiatischen Griechentums und des macedonisch-thrazischen Türkentums im Weichbild Konstantinopels ausgefochten werden. Vom Einzug der siegreichen nationaltürkischen Armee nach dem Vertrag von Lausanne erwartete sie Schuldbewußtsein und verhetzte märchengraulende Angst, neues unerhörtes Geschehen. Tausende Armenier und Griechen gingen flüchtig oder versteckten sich. Mit ihnen sank wiederum manche geschäftliche Vorbedingung.

KAPITEL XI

Niemandem ist ein Haar gekrümmt worden, als unter unbeschreiblichem Jubel des leidenerprobten Türkentums Schükri Naïli Pascha seine Anatolier in das wiedergewonnene Stambul zurückführte. Was Türke war, das strahlte und jubelte, und was echt levantinisch-perotisch war, . . . das jubelte mit unter dem wiederaufgesetzten Fes, den man doch zu Beginn der Besatzungszeit verächtlich in den Winkel geworfen hatte, zugunsten des europäischen Hutes. Jetzt kam er wieder zu Ehren.

Die anatolische Regierung hielt Türkisierungsmaßnahmen bereit, türkische Angestellte, türkische Geschäftsbücher, türkische Staatskontrolle, türkische Teilhaberschaft bei Gesellschaftsunternehmungen wurden gefordert und, allen Zweifeln und Zweiflern zum Trotz, auch durchgeführt. Zu allen allgemeinen Schwierigkeiten des „Jetzt" und des vergangenen Jahrzehnt kam der neue Kurs, der im nationalen Programm Angoras eine Selbstverständlichkeit war, in die Gesetze und Gepflogenheit des Geschäftslebens am Goldenen Horn aber hart und vielfach verhängnisvoll eingriff. Wer nur geschäftlich dachte und als echter „businessman" über die innersten Gedanken und über das Gefühlsmoment der anatolischen Bewegung keine Überlegungszeit verlor, der hatte vielleicht geglaubt, Angora werde hier die Gesetze des alten Geschäftslebens anzutasten sich scheuen. Es ist anders gekommen und Angora hat sich damit Feinde geschaffen über den nichttürkischen Kreis hinaus. Die Konstantinopeltürken der geistig führenden Schicht waren der direkten und indirekten Beziehungen zum europäisch-levantinischen Geschäftsleben nicht bar, und waren auch nicht gewillt die ungeheure Selbstverleugnung zu bekennen, die dem anatolischen Türkentum in den Nöten des Befreiungskrieges zur Selbstverständlichkeit geworden war. Der Glaube an die kapitalistisch-technische Unfehlbarkeit und Unangreifbarkeit Europas, dem man fast ein Jahrhundert lang gehuldigt hatte, wirkte nach. Die Einflüsterungen von einem amerikanischen oder auch französischen Protektorat aus der Besatzungszeit hatten ihren Eindruck nicht verfehlt. Militärisch und politisch traute man Angora jede nationale Leistung zu, wirtschaftlich hielt man sich lieber an die plastischen Realitäten europäischen Kapitals und westlicher Unternehmererfahrung, die so lange Zeit in der Türkei Erfolge gefunden hatte wie an wenig anderen Stellen der Erde.

Angora hat sich nicht entschließen können der Stadt die Selbstverwaltung zu geben. Außer einem politischen Bevollmächtigten, mit Ministerrang der hier sozusagen an der Eingangspforte des nach Angora führenden Weges im Dienste der europäisch-türkischen Wirtschaftsfühlung steht, waltet der Wali und ferner der Präfekt der Stadt, der gleichfalls von Angora ernannt wird, der vielseitigen Geschäfte und Sorgen. An städtischen Steuern gebricht es nicht, wie in keinem Nachkriegslande, nur daß hier einstmals steuerfreie ausländische Kreise zum Seufzen doppelten Anlaß finden. Mag der Schiffsverkehr im Hafen noch so große Lücken aufweisen, mögen zu den geflohenen christlichen Geschäftsleuten noch neue am Erfolg verzweifelnde der Stadt den Rücken kehren, die Stadtverwaltung ist stolz darauf unbeirrt im Hauche des Angorageistes neuzeitliche Verbesserungen durchzuführen. Zwei Präfekten nacheinander traten Informationsreisen in europäischen Großstädten an, die sich in großzügigen und teilweise schon durchgeführten öffentlichen Arbeiten niederschlugen. Mit der alten türkischen Energie der stets baufreudigen örtlichen Machthaber in Stadt und Provinz soll hier für die Fortschrittlichkeit der Zeit und des neuen Geistes Zeugnis abgelegt werden. Mancherorts sieht man mit gemischten Gefühlen auf diese Betätigung. Jedenfalls wird Arbeitsgelegenheit geschaffen und werden städtische Sachwerte erzeugt, denen große Bedeutung zukommt, und die den Wunsch an der Stirne tragen die Interessen der einstigen Hauptstadt mit den nationalen Gedankengängen der heutigen Regierung zu vereinigen und auch in Zeiten wirtschaftlicher Depression das Stadtbild in fortschrittlicher Entwicklung zu erhalten. Alles in allem genommen bietet Konstantinopel das Bild vielfältiger Umstellung, verschwiegenen Kämpfens und eines Oszilierens um den Punkt, der Aufstieg und Niedergang scheidet. Wenn es gelingt immer die nötigen geistigen und kaufmännischen Kräfte heranzuziehen und wach zu halten, die ein türkisiertes Geschäftsleben braucht, um erfolgreich zu sein, dann wird sich die Entwicklung Konstantinopels bald für einen Wiederaufstieg entscheiden. Das russische Problem spielt bedeutsam hinein; von seinen Verwandlungen wird der Durchgangsverkehr des Goldenen Horn-Hafens entscheidend beeinflußt. Zeitigen die nächsten Jahre hier einen einigermaßen befriedigenden Ausgleich der größten heutigen Gegensätze, dann werden rasch die politischen Schatten aus dem Wirtschaftsleben Konstantinopels zurückweichen, so wenig sie darum vom Horizonte der internationalen Machtbeziehungen verschwinden müssen.

Ungeschmälert besteht der künstlerische Besitz der Stadt in ihren unvergleichlichen Denkmälern, die von hoher Gunst der Natur wie vom Geschick menschlicher Planung auf den übergrünten Höhen um Bosporus, Marmara und Goldenes Horn eine Steigerung ihrer

Ausdruckskraft erfahren haben, wie sie nur auf wenigen Stadtbildern des Erdballs besteht. Aufräumungsarbeiten auf den großen Brandstätten der Altstadt, das Verbot der Holzbauweise, das für alle größeren Türkeistädte erlassen ist, die soeben in Angriff genommene Kanalisation der Stadt, die schon gelösten Fragen der Schaffung von Schlachthäusern und einer modernen Brandwehr, neueste Pläne für großzügige Parkanlagen und für Ausbau eines Hafens am Marmara-Meer, alle diese erfolgten oder bevorstehenden Taten der Stadtverwaltung verändern indessen auch hier das Bild, werden bedeutsam auch für die Eindrücke und das Urteil künftiger Touristen.

Ob es diesen Werken der Neuzeit gelingen wird, einen Ersatz zu bieten für den gepriesenen romantischen Reiz dieser Stätten, der vom Goldenen Horn wie auch aus Anatoliens Städten und Landstraßen mit großen Schritten entweicht, das bleibe dahingestellt. Eines ist gewiß, richtig verstehen und werten kann die heutige Türkei nur ein Besucher, der zu dem sich umgestaltenden Bild Konstantinopels auch das Bild der sich wandelnden kleinasiatischen Städte und seiner unvergänglichen Landschaften gefügt hat; nicht nur das eines Angora oder Smyrna, sondern auch das eines Brussa, eines Konia, eines Adana, Siwas oder Trabeson.

KAPITEL XII

ADRIANOPEL—BOSPORUS—DARDANELLEN

Das ostthrazische Land, das der Türkei im Frieden von Konstantinopel 1913 — nach dem zweiten Balkankrieg — und abermals im Frieden von Lausanne 1923 fremder Erwartung entgegen verblieben ist, steht unter dem Zeichen der an seiner westlichsten Grenzbuchtung gelegenen Stadt Adrianopel. Es ist ein Kampf- und Kriegszeichen, denn Adrianopel ist seit es türkisch ward bedeutsamer gewesen als Festung und Waffenplatz, denn als Wirtschaftszentrum.

Ist doch dieses ganze thrazische Land wenig ertragreich. Die Regenwolken, die von Norden heranschweben, werden von dem niedrigen, das Schwarze Meer berandenden Zuge des Istrandscha-Gebirges nur teilweise zur segnenden Lösung gebracht und was vorbeisegelt an geballten Wassermassen, das findet im Hinterlande keinen Anlaß mehr, sich niederzuschlagen. Der Boden erhebt mit Ausnahme des Kuru Dagh und des Tekfur Dagh am Ansatz der langen Gallipoli-Halbinsel keine Gipfel auf seiner Fläche. Nur in langen, langen Wellen, in großen, ganz flach gespannten Hügelzügen atmet es gleichsam dem geizenden Himmel entgegen. Der Boden ist wenig bewachsen. Ganz kleine Waldpartien sind, abgesehen vom dichter begrünten Saum des Schwarzen Meeres über die grasbestandene Scholle verstreut und selbst das schüttere Buschwerk läßt weite Flächen völlig frei, um sich nach den flachen Buchtungen und in den kleinen Tälern zusammen zu ziehen, die in vielfältiger Verästelung vom Istrandschazuge her in den ost-west laufenden Tschorlu Dere und den ihn fortsetzenden Ergene Su einmünden. Dieser, der zugleich der Orientbahn den Weg zeigt, führt die empfangenen Wasser bei Usun Köprü nahe an den Maritzalauf heran, dann biegt er um nach Südwesten und erreicht den schäumenden Fluß, den Preis so vieler bulgarischer wie türkischer Lieder weiter unterhalb. Die Maritza, die der Balkankrieg noch auf ein größeres Stück der Türkei belassen hatte, ist ihr heute ganz entzogen, bis auf den kleinen Abschnitt, mit dem sie das Weichbild der Stadt Adrianopel durchströmt, sich dort zugleich mit der von Norden kommenden Tundscha und der von Westen strömenden Arda vereinigend. Prächtige starke Flüsse sind es mit gewaltigen Frühjahrsfluten; aber im Unterlaufe, schon da, wo der Ergene Su einmündet, bis zum Meer hinaus, sind die Niederungen ausgefüllt mit weitgebreiteten Sümpfen, die eine landwirtschaftliche Ausnutzung des fruchtbaren Bodens hintanhalten.

Größere Siedlungen gibt es nur wenige im ganzen ostthrazischen Gebiet. Die handel- und fischfangtreibenden Küstenorte Rodosto am Marmara-Meer, Gallipoli in der Dardanellen-Enge auf erdbebengeschütteltem Grund haben gesteigerte Bedeutung. Das Städtchen Dedeagatsch im Maritzadeltaselbst ist nicht mehr türkisch, auch nicht bulgarisch, was sonst vernunftentsprechend wäre, sondern im Dienste der Ententepolitik und des schmählichen englisch-griechischen Bündnisses des Raubkriegs von 1919—22 kam es mit seinem Hinterland an Griechenland, um Bulgarien den Ausgang zum Mittelmeer künstlich zu verbauen.

Ententepolitik, und ihre als Friedensunterpfand und Gerechtigkeitsdenkmale sich bezeichnenden Vertragslösungen sprechen auch sonst noch im Bilde der Grenzführung sich aus. Der Zug der Orientbahn, der die Türkei mit Bulgarien und Europa verbindet, ist in unnatürlicher Weise an zwei Stellen durch schmale Lappen griechischen Gebietes überdeckt, Regelungen, die den Stempel „Intervention und Kriegsmaßnahmen" an der Stirne tragen. In Auswirkung der gleichen englisch-ententistischen Tendenz ist außerdem Adrianopel, der Brückenkopf der europäischen Türkei neutralisiert und entfestigt, genau so wie Bosporus und Dardanellen. Damit ist dieses „A.-B.-D." der westtürkischen Landesverteidigung, Adrianopel, Bosporus, Dardanellen wirkungslos gemacht und das C im westtürkischen Trapez, Constantinopel, jedem Angriff bloßgelegt. Es ist erstaunlich, daß es trotzdem noch Denker gibt, die nicht verstehen wollen, warum die neue türkische Regierung in Angora thront. Wundervoll geeignet mögen Ostthraziens gestreckte unbewaldete Hügelzüge für Verteidigungs-Kämpfe der Landwaffen sein, aber die Schlachtstellung ist nicht tauglich, wenn ihr Schlüsselpunkt entwaffnet und ihre Flanken von rückwärts bedroht werden.

Wen der Orientzug zum ersten Mal durch Ostthrazien dem Goldenen Horn zu trägt, der staunt wohl über die erhabene Einsamkeit des Landes, das hier im Licht des Morgens an ihm vorbeigleitet. Die Bilder bulgarischer betriebsamer Orte im industrieweckenden Bereich der Bahn sind ihm vielleicht vom Abend vorher noch in Erinnerung; die Nacht ließ den allmählichen Übergang der Landschaft nicht verfolgen und so erscheint jetzt Menschenleere und Einsamkeit als charakteristisches Zeichen des türkisch beherrschten Landes. Nur hie und da blickt in der Tat ein Dörflein mit Holzhäusern und niedrigen Ziegeldächern aus einer Mulde auf, reckt ein Minareh, das im Balkankriege seinen oberen Schaft verlor, die dürftige neue Holzspitze über den Kamm eines Hügels empor, oder erscheinen ein paar einzelne Cypressen neben dem zerstörten Gemäuer eines alten Gebetsortes. Unbewußt vermag den Fremden ein Raunen anzugehen wie vom Schlaf der Ewigkeit überm ersten Eindruck dieser Gefilde.

Der Kundige freilich spürt im Hauch dieses Hügellandes das Singen und das Sagen eines Jahrhunderts von Schlachten, die hier ausgetragen wurden. Der Türkenfreund vollends, der Anatoliens Höhen und Steppen kennt, begrüßt schon hier in dem stillen, weitgedehnten Vorland der einstigen Hauptstadt jene Scholle, die aus ihrem harten Schoß und in der Wiege flachgeschmiegter Dörflein jenen unüberwindlichen Soldaten- und Bauernschlag gebar und groß werden ließ, der die osmanische Geschichte mit ewigen Ruhmesblättern geziert hat.

So oft der langjährige Erbfeind der Türken „Moskow", der russische Bär, den Rachen erhob gegen die Meerenge, die „Zarigrad" schützt, ebenso oft schlug seine linke Pranke vom Kaukasus in der Richtung auf Kars und ebenso oft streckte sich die rechte am westlichen Meer entlang auf Adrianopel, Kirkilise und jenen letzten Kranz der befestigten Höhen von Tschataldscha, der, schon in Reich- und Hörweite heutiger Waffen, die letzte Redoute der Kalifenstadt bedeutet.

Der erste Russenkrieg des vergangenen Jahrhunderts (1828—1829) fiel in die Zeit einer selbstreformierenden türkischen Staatsumstellung. Der klare Blick und der eiserne Mut des Reformersultans Mahmud II. hatte das entartete janitscharische Scheusal erwürgt. Ein Alp war genommen, aber die Jahrhunderte alte einzigartige Waffentradition war durch neues zunächst nicht zu ersetzen. Selbst ein Moltke und seine Freunde haben jenen tapferen Geist, den erst spätere Jahrzehnte wieder erstehen ließen nicht vor der Reife ans Licht ziehen können und wurden selbst Zeugen schwerer Mißerfolge. Der Krimkrieg (1856) jedoch ließ die Türken schon wieder siegreich vorstoßen aus Thrazien gegen die Dobrudscha hinauf. Dagegen sah der dritte Russenkrieg des Säkulums (1877—78) die Festung Adrianopel wieder in Schwäche; Schwäche, die jedoch mit verklärt wird durch den Weltruhm mit dem im gleichen Ringen die improvisierten Feldbefestigungen von Plewna im Bulgarischen vom heldenhaften Osman Pascha verteidigt wurden. Der rasende Anlauf des Balkanbundes (1912), der die Türkei in innerpolitischen schweren Krisen traf, überflutete mit fliegenden Bulgarenfahnen das thrazische Land; Kirkilise, Babaëski, Lüleburgas waren türkische Katastrophen. Erst als der feindliche Stoß am Tschataldscha Wall anbrandete, sprang das berühmte „Glück in später Stunde" wieder auf türkische Seite. Die Cholera zog eine schreckliche Leichensperre zwischen den Kämpfenden, bis die Geschlagenen sich neu gefestigt hatten, und Adrianopel rettete die Ehre. In seinen von deutscher Militärtechnik wirksam verstärkten aber noch nicht fertig ausgebauten Werken schlug sich Schükri Pascha, treu türkischer Tradition bis an die Grenze des Verhungerns.

Dann geschah etwas Unerwartetes im selben Augenblick, als die von den vier Gegnern doch mürbe gepreßte Türkei den Frieden unter Verzicht auf Adrianopel unterzeichnen wollte. Die Regierung in Konstantinopel stürzt unter dramatischem Geschehen, die verbannten Jungtürken ergreifen wieder das Ruder und die Hoffnung erscheint erneut über trüber Lage. Rumänien greift beuteneidisch die Balkanbündler an und sofort stoßen die Türken unter den bewährten jungtürkischen Reformern wieder vor aus den Tschataldscha-Wällen, und binnen Kurzem weht wieder die Sultansfahne auf den Mauern Adrianopels, strahlen die Halbmonde auf der stolzesten Türkenmoschee Meister Sinan's wieder im Siegesglanze. Eine neue vaterländische Kraft scheint von dem Wirken kluger, jungtürkischer Köpfe auszugehen. Deutsche Politik, deutsche geistige und technische Hilfe fördert wo sie kann, aber der Kern liegt in der erwachten Volksbewegung in den Schulreformen, in der Jugenderziehung, in der Pflanzung und Verdeutlichung neuer Symbole und Ideale. Das theokratische Kleid des religionsgetragenen (osmanischen) Nationalitätenstaates ist rissig geworden. Eine neue Gewandung, in der der Begriff von Vaterland und Nation, von geschlossenem Eigenvolk erstmalig erschien und neuartige Kräfte zusammenzog, galt es zu weben. Mustafa Kemal Pascha und die letzte große Bewegung haben diese Schöpfung vollendet, aber die Jungtürken waren es, die allen ihren politischen Fehlern zum Trotz doch die ersten Fäden geschlagen haben am gleichen nationalen Kleid. Damals wanderte das Bild der wiedergewonnenen strahlenden Selimieh Moschee zu Adrianopel in Hunderttausenden von Flugblättern hinüber ins anatolische Land. „Das ist unser — das ist Schöpfung türkischer Kunst — das ist unser Ruhm, das ist unser einst Europa erzittern machendes Wahrzeichen — das war uns abgesprochen, entrissen — das war der erste Schritt zur Opferung auch der ragenden Sultansmoscheen auf Stambuls hohem Rücken — das war der Anfang unseres Endes .... und jetzt ist es wieder türkisch!" Über dem Erkennen eines sich enger ziehenden Erdrosselungsnetzes, über dem Ahnen jenes Niedergangs, der manchen weißbärtigen, weitschauenden Türken Stambuls schon vor Jahrhunderten sein Grab im Totenhain des asiatischen Skutari wählen ließ — nicht in „Europa", über dem Voraussehen einer von der Christenheit ersehnten Osmanen-Dämmerung erwachte der neue Nationalismus. Erst nannte er sich osmanisch, dann hieß er türkisch — seit Mustafa Kemal führte — und dann gelang ihm die Rettung.

Der letzte Waffenstoß, der das Adrianopelland schüttelte war der griechischer Scharen, die die Knebelung des Zusammenbruches und die Vergewaltigung der Konstantinopler Besetzungszeit benutzten, um am ententebesetzten Adrianopel vorbei die Hand nach dem Goldenen Horn und nach dem Halbmond auf der Aja Sofia auszustrekken. All dies ward verscheucht oder wieder rückgängig gemacht durch den Sieg der Anatolier zwischen Angora und Smyrna in den ersten Septemberwochen 1922 und durch Ismet Paschas Diplomatentat in Lausanne. Ein starker Gegenstoß aus der Erserum-Angora-Richtung liegt klar erkenntlich im Bevölkerungsaustausch, den man dort stipulierte. Auch Thrazien — mit einziger Ausnahme der Stadt Konstantinopel wird „türkisiert". Die Griechen müssen weichen und Türken aus dem griechischen Westthrazien und von den Inseln werden an ihrer Stelle angesiedelt. Waffenlos und schutzlos jedoch sitzen sie im entfestigten Dreieck des A.-B.-D. Nur durch ihrer Hände Arbeit, durch ihre Schollenzähigkeit, durch ihre Bodenliebe sollen sie wieder ein Faktor sein im türkischen Erhaltungs- und Verteidigungsprogramm.

Niemand kann sagen, wie es den Angora-Anatoliern heute ums

Herz ist, wenn sie auf der Karte das Schlachten- und Weideland betrachten, das zwischen den Neutralisierungsstreifen des A.-B.-D. sich spannt, in dessen Tälchen und Mulden nun der Ersatz für abgewandertes Griechenblut das wiedergewonnene türkische Erbe verstärkt behaupten soll. Klug und zielsicher mögen die angestellten Rechnungen sein, aber ob die Hoffnungen hoch gespannt werden und ob nicht auch Erwägungen wie sie unter den Zypressen des Mesarlik von Skutari so vielfach begraben sind, in den lebenden Köpfen Angoraer Ministerien bewegt werden, vermag niemand zu sagen. Es kann wohl sein, daß bittere Wermutstropfen sich hier in den Wein des Selbstbewußtseins mischen und in den Trank des Erfolges, den Ismet Pascha seinem Heldenvolke bot. Mag sein, daß eine eisig schweigende Selbstbescheidung hier das ewige Wallen und Sieden mongolisch-tartarischen Bezwingerblutes zum Verzichte drängt. Wie strahlend, wie rufend nach ewigen Schützern stehen die Kuppeln und Türme der Sultansmoschee am Maritza-Tundschazusammenfluß und wie tief schmerzlich, wie kränkend ist das Bewußtsein, daß heute kein Geschütz mehr bereit steht, diese höchste Türkenherrlichkeit zu verteidigen.

Wahrlich, doppelt ist heute das Gesicht dieser Denkmals- und Erobererstadt. Urechte Türken- und Siegertradition birgt sich in ihren Moscheen und Mauern, in geschleiften Redouten, in verwitterten Holzhäusern, ja zwischen den Grasbüscheln der um die Flüsse gebreiteten Ebenen, auf denen einst die tausend Spitzzelte des türkischen Heerbannes sich reihten.

Erobern, reiten und siegen und große Geste machen in der Gnade und der Befriedung nach dem Siege, und dem Gottesruhm, wie der

Ewigkeit, dem eigenen Namen, dem Volk und den Ahnen Denkmäler erbauen aus steinernem Guß, Residenzen aus dem Boden stampfen — Brussa in Asien, Adrianopel am Balkan, beide von den gleichen Herrschern mit gleichstrahlenden Moscheen beschenkt — .... und weiter brausen, das waren die Taten türkisch-tartarischer Art, und das war auch die Geschichte, die das türkische Adrianopel viele Jahrhunderte lang sah.

Doch nicht nur Rosse und Säbel, Zelte, Kalifenfahnen und wogende Turbane sind aus Vorderasiens geheimnisvoller Kriegerkammer über Adrianopel nach Europa hereingeflutet. Mit ihnen strömte Kunst und Gewerbe, geknüpfte Teppiche, kostbare Schmiedestücke, und Lederzeug, getriebene Gefäße, Stoffe in Seide und Wolle, in Himmelfarben strahlende Fliesen und die türkische Bauart von hölzernem Landhaus am Hügelhang, vom erkertragenden Fachwerkhaus am Marktplatz der Kreisstadt bis zum Palast der Gottheit.

Nicht nur in unvergänglichen Denkmälern und in die Welt umlaufenden Erzeugnissen der Kleinkunst, auch in einer Fülle schlichter Volksgewohnheiten, in eigenartiger patriarchalischer Gestaltung dörflichen und kleinstädtischen Daseins hat türkische Art und türkisches Wesen dem anatolischen Stammland, dem unterworfenen Syrien, Babylonien und Ägypten, so auch dem Leben im Balkan während Jahrhunderten sein kulturelles Siegel aufgedrückt. Lange schon ist die äußere Herrschaft hier im Sinken, aber unter dem Minareh entlegener bulgarischer, mazedonischer Dörfchen, hocken noch heute Gestalten, die manchmal ohne Türken zu sein, in Tracht und Gehaben die türkische Überlieferung weiter bewahren und verkörpern. Wie Kaffee und Tabak genossen wird, wie Wasser und Trauben verkauft werden, wie am Tore geklopft, wie der Fremde gegrüßt, wie das Alter geehrt, den Regierenden vertraut wird, wie manches Gerät noch heute genannt und mancher Brauch auf lange hinaus bewahrt wird, das spricht von jenem Einfluß des Türkentums, von jener assimilierenden Kraft, die nur mit dem Besitz wahrer Kultur verknüpft sein kann. Hier ist sie geströmt und hat viele christliche Völker in ihren Bann geschlagen.... abseits aller Waffenkämpfe, abseits des bloßen Zerschmetterns und Herrschens, das Feinde und Nichtversteher jener seltsamen Volksart als einzige Leistung und Handlung des Türken- und Osmanentums zu verbuchen bestrebt sind. Bis Wien will man nach altem Sprichwort im Leben des Marktes und der Straße den Hauch und die Farbe des Orients verspüren; wo man ihn aber verspürte im Gefäß alten noch erhaltenen, echten Türkentums, wie zum Beispiel auf jenem vergessenen, winzigen Donau-Inselstaat von Ada Kala (bei Orschowa) — da ist es gewesen um Achtung zu gewinnen vor Islam wie osmanischer Art, die in Schlichtheit und Würde der Lebensführung ihre Vertreter aus allen Nachbarbekenntnissen und Rassen heraushob.

Die Zeiten sind in beschleunigtem Fluß, das politische Aufstreben der Balkanvölker gärte und drängte. Im Verfolg der Russen- und Balkankriege sind hunderttausende Türken wieder zurückgeflutet in die alte Heimat, als die „Muhadschirs" der anatolischen Täler, Steppen und Küsten. Das Mutterland schluckte wieder ein, was es hinaus geschleudert hatte an Volkskraft im Erobererzeichen vergangener Jahrhunderte. So wechseln Flut und Rückflut sich ab im Leben der Welt, im Geschick der Völker. Heute hat Adrianopel sein anderes Gesicht. Es ist der entfestigte Torturm eines Volkstums, das von der gefährdeten Bucht des jetzt offenen Marmara-Meers auf die hohe Bastion Anatoliens und Angoras sich zurückzog.

Wird nun das thrazische Land nochmals zum Schlachtfeld werden zwischen Europa und Asien? Möglich ist es, jedoch die Bedeutung solchen Kampfes würde niemals wieder dieselbe sein, wie einst. Heute liegen Entscheidungen so weit gespannter Machtkämpfe — sollten sie wirklich heraufziehen — nicht mehr an den Nahtstellen der Kontinente, sondern um jene Festen, die in den Hafenstädten der ganzen Welt Europas Industrie und Kapital errichtet hat, als Zentren ausstrahlender Macht und doch als Achillesfersen zugleich, wenn die seither hörigen Völker die Abnahme fremder Erzeugnisse um größerer Ziele willen verweigern. Nicht wer die Macht hält, der Westen oder der Osten wird hier im Bereich des A.-B.-D. entschieden werden, aber doch darum, wo die Grenze Europas läuft, wird hier wohl noch einmal gerungen werden.

Kaum kann man es von sich weisen angesichts derSiegesmoscheen, die ein Murad I. — ein Jahr nach seinem Dardanellenübergang und zwei Jahre nach seinem Regierungsantritt — die ein Bajesid „der Blitz", einMurad II. in der Maritzastadt errichteten, und angesichts des Abbaus der kriegsgekrönten Vorwerke und Redouten nachzudenken über das Auf und Ab der türkischen Geschichte. Kein Volk hat in solchen Eroberungsstößen so rasch ein Weltreich aufgerichtet, und wenig Reichen ist ein so eigenartiger, schrittweiser, zäh verteidigter, siegunterbrochener und doch unaufhaltsamer Niedergang vorgezeichnet gewesen, wie dem osmanisch-türkischen. Wie von nicht erkennbaren aber magischen Gewalten scheint das Aufrauschen, wie das Abschwellen der türkischen Macht bestimmt. Man meint, wie das mathematische Gesetz einer Kurven-Gleichung, so auch den Schlüssel finden zu müssen, der im seltsamen türkischen Wesen Aufstieg und Abstieg einbeschließt.

Man hat sogar geglaubt solche Formel zu erkennen: Nur gewinnen, nicht erhalten können, nur erobern, nicht verwalten, nur prunken und raubbauen, nur Blüten emportreiben, Blattwerk und Ranken geringschätzen und an ihrem Saftversagen welken und absterben; so sah man es, und glaubte den Stein der Weisen in der Erkennung einer Europa doch nie adäquat gewähnten Volksart gewonnen zu haben. Da zeigt die neueste Zeit türkischer Geschichte noch ein anderes Gesicht. Aus nicht erkannten oder verschüttet gewähnten Quellen ist neue Kraft aufgestiegen. Nicht zu ermessende Strömungen bewegen sich im Schoß der islamischen Welt und lassen neue Möglichkeiten ahnen.

Türkisches Wesen ist, seit Europa es kennt, längst nicht mehr einheitlich geartet. Ein seltsamer Schwung der osmanischen Krieger- und Herrscherherzen bezeugt über Jahrhunderte hinweg die mongolisch-tartarische Abstammung. Aber im angenommenen Bekenntnis des Islam schon nahmen die Türken fremde Elemente semitisch-arabischer Schöpfung auf. Kunst und Kulturbesitz in dem das Erbe der Antike fortzitterte und fortwob, nahm in persischen und syrischen Gauen die seldschukischen Beys und Sultane gefangen, durchtränkte ihre Paläste, Burgen, Moscheen und Medresses mit nicht angestammtem, hohen Kunstgut. Die persische Sprache schenkte den osmanischen Höfen Dichtkunst und Dichtwerke, die vorübergehend fast den alten Schatz türkischer Heldenweisen in höfischer Umschlingung zu ersticken drohten. Auch Byzanz trug bei. Die

Intriguenluft eines sterbenden Ost-Rom stieg aus den Palästen und den Kerkern Stambuls empor. Eunuchen- und Haremspolitik, die Gesetze des Brudermordes im Herrscherhause, den Fluch der Parteisucht erwarben die Osmanenfürsten und das Konstantinopler Türkentum in den Mauern byzantinischer Residenzen; aber in dem Kuppellanghaus, das Justinians Herrscherkraft kläglichen Epigonen hinterlassen, gewann der künstlerische Schöpferwille des jungen Volkes hohe neue Ziele. Die großen Völker der Vorzeit, Meere und Kontinente, Wissen und Können von Jahrtausenden, rührte von allen Seiten an das werdende Wesen eines Urvolkes, häufte einen seltsamen Schatz, dessen verwandelter Abglanz dann aufgeblüht ist im leuchtenden Strauß der türkischen Macht, den das Brausen des tartarischen Blutes zu neuen nicht geahnten Höhen emportrug.

Ein Volk, das aus den verborgen fließenden innersten Kraftquellen einer seltsamen Eigenart stärkste andere Strömungen anzuziehen und zu vereinen weiß zu neuem Strom, der seinen Namen trägt, in seinen Wellen rauscht und künftig in seines Willens Bahnen zieht, kann auch die Kraft besitzen abermals neue Strömungen in sich aufzunehmen. „Zuckungen niedergehenden Volkstums" nennen es die einen, denen auch ein Weltkrieg jene Binde nicht von den Augen nahm, die ihnen der Unfehlbarkeitsglaube der Maschinenmacht und Herrlichkeit anlegte." „Moskowitisch-sowjetistisch" nennen andere den Einschlag, der aus der die Überfremdung abwehrenden Wirtschaftspotik Angoras sie anblickt, der angesichts der Trennung von Kirche und Staat im Lande des Ramasan und der Muezzin sie staunen und zürnen läßt. Namen für Dinge, deren Wesen wir noch nicht erfassen können. Vielleicht sind sie verwandt jenem nie gesehenen, nie genannten heimlich stark und ständig wirkenden Gift, das die christliche Kraft und Einheit der mittelalterlichen Europavölker mählich verbleichen ließ. Als Reiche Karls des Großen, als Kreuzzugskräfte, als spanische Weltmacht und letzter Traum eines Korsen zersplittert und zerronnen, errichtete die religionsferne Maschine und das christentumfremde Kapital jene weitspannende, unwiderstehlich geschätzte Macht der Zivilisation, die heute alle anderen Völker zum Kampfe und zur Befreiung aufreizt.

Wenn Kräfte neuer Art aus dem Einschmelzen neuer Gedanken im Tigel islamischer Völker aufsteigen, dann wird vor anderen Völkern das Türkenvolk seine Freiheit behaupten und dann wird auch entschieden sein, wo die Grenze zwischen Europa und Asien läuft. Dann wird das Land zwischen Marmara und Maritza sein Leben machtvoll steigern, dann wird sich zeigen, daß der Fuß, den das Türkentum heute noch in Europa aufgesetzt hat, fest aufgesetzt ist, dann wird Stambul wieder eine große nationale Türkenstadt. Pera's Name wird vergessen und über den Engen von Bosporus und Dardanellen und ihrem Schutzturm Adrianopel steht wieder eine starke Macht als Torwart zwischen Aegeis und Euxinus, zwischen den Befahrern des warmen Mittelmeers und dem Nebelvolk zwischen Ural und Weichsel, das hundert Hände in asiatischen Steppen rührend, tausend Hebel in westlichen Städten bewegend, heute eine Weltherrschaft neuer Art auf sein rotes Diadem geschrieben hat.

Verlag v. L. Friederichsen & Co., Hamburg 1.

ze der Türkei

I–XII Kapitelbezeic

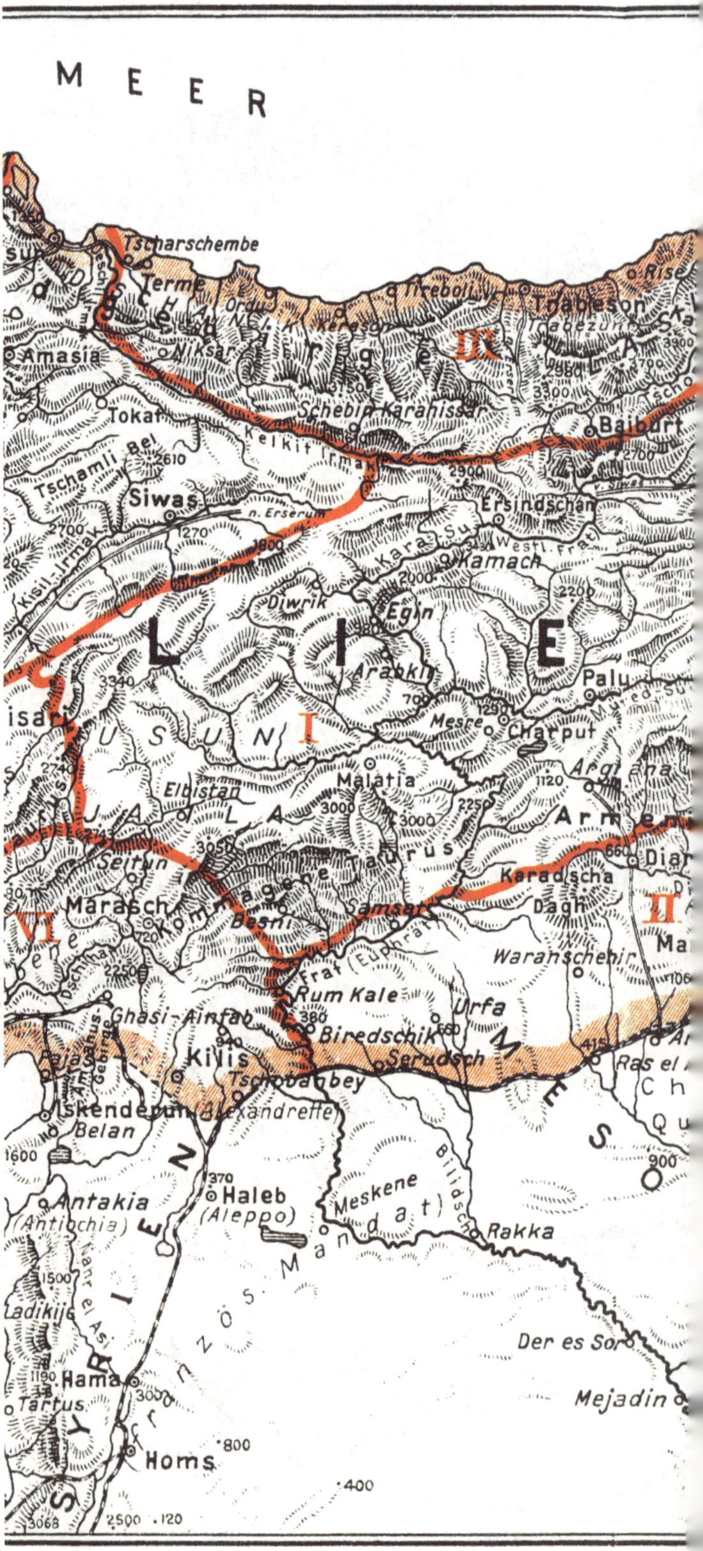

hnung

Grenzen der Beschr

nghardt: Türkün Jordu. Der Türken Heimatland.

Geogr. Anst. v. J. Köhler, Hamburg 33

szonen

FSC
www.fsc.org
MIX
Papier | Fördert gute Waldnutzung
FSC® C083411

Kolibri 360 GmbH
Ferdinand-Jühlke-Straße 7
99095 Erfurt, Deutschland
produktsicherheit@kolibri360.de